ジャムハウスの
科学の本

ときめき×サイエンス

きょう出会う空

presented by Izumi Maie

眞家 泉 [著]　荒木健太郎 [監修]
Izumi Maie　　Kentaro Araki

まえがき

本書を手に取っていただき、ありがとうございます。
空のことがなんだか気になって、見つけてくださったのでしょうか。

あなたには、好きな空がありますか?

ちょっぴり空のことを気にかけてみると、初めて見る色に出会えたり、
思いがけず雲に癒されたり、自分でも気付くことのできなかった気持ちになる瞬間が、
きっと増えると思います。

早起きした日の朝日、嬉しいことがあった日の雲、
努力した日の夕焼け、涙を流した帰り道の月。
その日の過ごし方によって、見える空の印象も変わるかもしれません。

明日雨が降るのかどうかはもちろん、美しい空が本当はたくさんあることも、
その仕組みも、荒天のサインがあることも、多くの方に知ってもらいたい。
何気なく空を見上げたときに、
「あ、私の好きな空だ」「これから天気が崩れそう」と気付いてほしい。
そう思って筆を取りました。

本書の各章は、漢字一字で表しています。
「光」「雲」「水」「風」「激」「夜」
身近に感じることのできる、そんな一字を選びました。
それぞれに関連する現象を、項目ごとに紹介しています。

気になるあの空には、いつ出会えるのか。
この雲が広がったら、どんな天気になるのか。
本書を開くことが、さまざまな空を知るための第一歩になればと思っています。

あなたの日常に、この一冊を仲間入りさせてください。
そして読み終えたあとには、今しか出会うことのできない、今の空を見上げてみてください。

何かひとつでも、心に残るものがあれば幸いです。

きょう出会う空

presented by Izumi Maie

もくじ

Scene.1 光 6
Scene.2 雲 30
Scene.3 水 44
Scene.4 風 58
Scene.5 激 72
Scene.6 夜 80

Column.1 季節 92
みんなの空のアルバム 98
Column.2 減災 104

あとがき 112
Special Thanks 114
参考文献 115
索引 116

Scene.1

光

きょうは太陽の光を感じましたか？
光によってもたらされ、空の美しさを感じさせてくれる
第一歩となる現象をご紹介します。

光

01 虹 －にじ－

　まずは空の人気者、色彩豊かな「**虹**」のお話です。見上げた空にかかる7色の虹は、ふとしたときに見つけられると嬉しい気持ちになりますよね。空の現象のなかで、最もみなさんの心をつかむものだといってもよいほど。「チャンスがあるなら見たい！」「写真を撮りたい！」という方も、きっと少なくないはずです。

　虹は、太陽や月の光によって空に現れるアーチ状の光の帯です。光が**雨粒**に当たって色が分けられることで、7色の光に見えます。

　虹は**太陽を背にした空**に現れます。雨上がりの空に虹を見つけることができるのは、太陽と反対側の空で雨が降っていて、雨の粒が虹色の光を生み出しているからなのです。

　ということは、虹に出会うためには太陽の位置がポイント。太陽は、朝は東の空に昇り夕方には西の空に沈んでいきます。つまり、朝の虹は西に、夕方の虹は東に現れるということです。

虹の仕組み

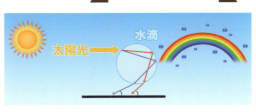

太陽の光が雨粒に当たることで虹色に分けられ、私たちには虹が見えます。

どんなときに出会える？

・太陽と反対側の空で雨が降っていて、そこに太陽の光が差し込んでいるとき

天気はどうなる？

天気は西から変わってくることが多いので、
・朝虹（あさにじ）は雨のサイン
・夕虹（ゆうにじ）は天気回復

といわれることがあります。ただ、必ずそうなるわけではないので、最新の天気予報をチェックしましょう！

実は虹は円になっていて、その一部分が見えているのです。太陽の高さによって虹の高さも変わるので、時間帯によって虹の見える高さも違ってきます。

Izumi's memo

国によってさまざまですが、日本では虹を7色で表すことが多いです（ちなみに「理科年表」では、虹色は藍を除いた6色となっています）。

赤・橙（だいだい）・黄・緑（みどり）・青（あお）・藍（あい）・紫（むらさき）を、
「せき・とう・おう・りょく・せい・らん・し」
とリズミカルに色彩を口ずさめば、気付いたときには色の並びを覚えてしまっているかも？

虹 - にじ -

9

あんな虹こんな虹——二重の虹

虹は二重に見られることもあります。二重の虹は内側を「**主虹**(しゅこう)」、外側を「**副虹**(ふくこう)」といって、副虹は主虹に比べて少し暗く見えます。

主虹は外側が赤色、内側が紫色で、副虹は外側が紫色、内側が赤色になっています。

アレキサンダーの暗帯はココ！

主虹と副虹の間の部分は、空が少し暗く見えませんか？ この部分は「アレキサンダーの暗帯(あんたい)」といいます。ダブルの虹に出会えたら、注目してみてください。

あんな虹こんな虹——過剰虹(かじょうにじ)

主虹のすぐ内側や副虹のすぐ外側に、折り返すように虹色が見える「**過剰虹**(かじょうにじ)」はレアな現象！ 太陽の光が差し込むとき、**雨粒の大きさがそろっていて光が強いとき**に見られます。出会えたら感動もの。虹が現れたら要注目です。

Izumi's memo

虹の見え方に違いはあれど、どんな虹も出会えたら幸せ。雨が止みかけていて、日が差す時間、虹に出会うチャンスを探してみてください。

出会えたらハッピー♪

あんな虹こんな虹――白虹（はっこう・しろにじ）

　7色の虹だけでなく、白1色の虹、「**白虹（はっこう・しろにじ）**」に出会えることがあります。白虹は、空に見られるアーチ状の白い光のこと。**雲や霧の粒**によって太陽の光が屈折することで見られ、7色の虹と同じく太陽を背にして見ることができます。

　7色の虹との違いは、**"雨粒があるのか雲や霧の粒があるのか"**というところ。雲や霧の粒は、雨粒よりも小さいです。そのため、光が7色に分けられず、さまざまな色が重なって白1色に見えます。

▲2018年7月・長野県での1枚。

飛行機で空を飛んでいるとき、雲の近くで見られることがあります。地上では霧が出ているときに出会える現象で、霧の解消とともに白虹も姿を消して、穏やかな空が広がります。

虹 ーにじー

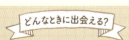

どんなときに出会える？

- 霧が発生している、朝の西の空
- 飛行機で雲の近くを飛んでいるとき

どちらも太陽と反対側の空に見えます。

Izumi's memo

白い虹は、7色の虹と比べて出会える頻度が少ないです。そのぶん、出会うことができたら嬉しさアップ！ですね。
- 雨の粒によってできる「虹」は「rainbow（雨の弓）」
- 雲の粒によってできる「白虹」は「cloud bow（雲の弓）」
- 霧の粒によってできる「白虹」は「fog bow（霧の弓）」

といいます。7色の虹の美しさを知ったあとは、白虹にも注目です。

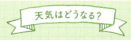

天気はどうなる？

- 白虹が消えるとともに天気回復

光

02 彩雲 －さいうん－

　"雲"と聞いてどんな雲が頭に浮かびますか？ふんわり羽のような白い雲。映画のワンシーンのようなオレンジ雲。何かが起こりそうな黒い雲でしょうか。雲のなかには美しく虹色に染まる雲もあります。色鮮やかな雲、「**彩雲**」です。

　彩雲は、太陽のそばで虹色に染まる雲です。雲を作る**水滴**によって、太陽の光が曲げられる**回折**という現象によって現れます。

　色は不規則に見えたり、雲の縁に帯状に見えたりとさまざま。天気を崩すようなものではなく、その幻想的な姿を満喫することができます。美しく彩る雲。まさに彩雲です。

積雲などに現れる彩雲は、水滴の大きさがふぞろいで色が不規則になります。レンズ状の巻積雲・高積雲に現れる彩雲は、水滴の大きさが小さくそろいやすいので、綺麗に色が分かれます。→「Scene.2 雲」35、37、40ページ

彩雲 － さいうん －

どんなときに出会える?
- 雲の輪郭が分かる程度に晴れていて、太陽の近くに雲があるとき
- 水でできた雲(巻積雲・高積雲・積雲)があるとき
→「Scene.2 雲」35、37、40ページ

天気はどうなる?
天気を崩す現象ではありません

Izumi's memo
彩雲は、太陽だけでなく月の周りにも現れることがあります。月明かりが十分な満月はチャンス! 夜空に浮かぶ虹色の雲は幻想的です。
→「Scene.6 夜」(月) 86ページ

注意
太陽を直視すると目を傷める恐れがあり、大変危険です。観察したり撮影したりするときには、必ず太陽を建物などで隠してお楽しみくださいませ。

光

03 ハロ（暈） − はろ（かさ） −

虹色に輝く大きな輪「**ハロ**」。見たことはありますか？ 実はこれ、意外とよく見られる現象なんです。

ハロは、太陽や月の周りにできる虹色の光の輪のこと。空高くにうす雲が広がるとき、太陽を中心として見ることができます。

空高いところのうす雲は**氷の粒**からできていて、この氷の粒によって太陽の光が**屈折**することで現れます。雲が重なっているときは光が散乱して、白っぽい輪になることがあります。

▲ 2017年5月・宮崎県の空。うす雲にかかる虹の輪が美しい1枚です。

▶ 2018年6月・福岡県の空。虹色と一緒に太陽の輝きも感じられます。

14

どんなときに出会える?

- 空高くにうす雲（巻層雲 (けんそううん)）がかかっているとき
  → 「Scene.2 雲」35ページ
- 西から、天気を崩す前線や低気圧が近付いてくるとき

天気はどうなる?

- 出会ったあと、雲が厚みを増すと天気下り坂
- 出会ったあと、雲がさらに薄くなると晴れ

ハロ（暈） — はろ（かさ）—

▶天気回復のとき、ハロや雲が消えて晴れになります。

▼天気下り坂のとき、ハロのあとに雲が厚みを増して、だんだんとどんより空になります。

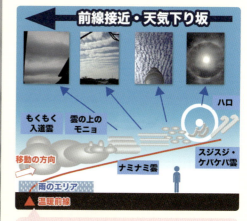

前線接近・天気下り坂

ハロ
スジスジ・ケバケバ雲
ナミナミ雲
雲の上のモニョ
もくもく入道雲
移動の方向
雨のエリア
▲温暖前線

日本の上空では強い西風が吹いているので、天気は西から変わることが多いです。天気を崩すような低気圧や前線が西から近付いてきているときは、ハロに出会ったあとにだんだんと雲が厚くなり、天気は崩れていきます。

イロイロなハロ

ハロは太陽に対する位置によって違う名前を持っています。一般的なハロは、見かけ上、太陽に対して22度の位置に見られ、「**内暈（うちかさ・ないうん）**」と呼ばれます。

46度ハロは、22度ハロの外側に太陽に対して46度の位置に見られ「**外暈（そとかさ・がいうん）**」と呼ばれます。

また、22度ハロの内側には18度ハロや9度ハロという特殊なハロが現れることもあります。

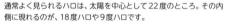

ハロの名前

通常よく見られるハロは、太陽を中心として22度のところ。その内側に現れるのが、18度ハロや9度ハロです。

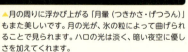

▲月の周りに浮かび上がる「月暈（つきかさ・げつうん）」もまた美しいです。月の光が、氷の粒によって曲げられることで見られます。ハロの光は淡く、暗い夜空に優しさを加えてくれます。
→「Scene.6 夜」(月) 86ページ

Izumi's memo

ハロは特別珍しい現象ではなく、みなさんの日常に出会えるチャンスがあります。これがハロの良いところ。「空の写真を撮ったら写っていた」なんてこともよくあります！
天気は西から下り坂……と天気予報で耳にしたら、ハロのことを思い出してみてください。上級者のあなたは、天気図や衛星画像を見ながら出会いに行ってみるのもいいかも。

ハ ロ （暈） － はろ（かさ） －

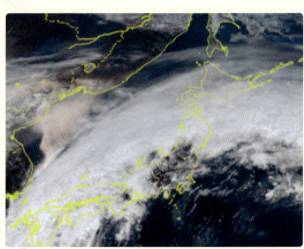

遠くの西の空から雨雲が近づいているとき、衛星画像（可視画像）で薄く白い部分がかかるときは、ハロに出会うチャンスです。

Izumi's memo

ちなみに、あいさつの"ハロー"は「Hello」、虹色の"ハロ"は「halo」と書きます。

光

04 アーク －あーく－

　虹色トークはまだ続きます。ここでは**「アーク」**という空の虹色についてのお話です。最近はSNSで空の写真をアップする方が多いので、写真で見たことがあるという人もいらっしゃるかもしれません。

　アークは、太陽のいる側の空に現れる虹色の光です。普通の虹は雨粒で生まれますが、アークは雲を作る**氷の粒**によって、太陽の光が**屈折**することで現れます。

　太陽の周りに、空高く薄い雲がかかっているときは出会えるチャンス。時間によって太陽の高さが変わるので、それに合わせてアークの見られる高さや姿も変化します。

▲くっきりと見えた、逆さまに浮かぶ虹のような1枚。「逆さ虹」ともいわれます。

アーク
—あーく—

／自分で見つけることが
＼できたら嬉しい！

どんなときに出会える？

・空高くに薄い雲がかかっているとき
・西から天気を崩す前線や低気圧が近づいてくるとき
・いわし雲が消えかかっているとき
　→「Scene.2 雲」35 ページ

天気はどうなる？

・出会ったあと、雲が厚みを増すと天気下り坂
・出会ったあと、雲がさらに薄くなると晴れ

飽きないアーク――環水平(かんすいへい)アーク・環天頂(かんてんちょう)アーク

　アークは太陽の周りに現れて、その場所によって名前が変わります。例えば「**環水平アーク**」は、**太陽より低い位置に、水平に近い形**で現れます。太陽の高さが高いときに見られるので、春～秋頃のお昼前後が狙い目です。
　「**環天頂アーク**」は**太陽より高い位置に、弧状**に現れます。太陽が低いときに見られるので、秋～春頃の朝や夕方の空に注目です。

▲下から環水平アーク、ハロ

▲環天頂アークと気球

▲環水平アーク

▲環天頂アーク

Izumi's memo

自分でアークを見つけることができたら、感動もひとしおです。うす雲の広がる日は、太陽に対するアークの位置をよく見てみると出会えるかもしれません。これを知ったあなたはこれからきっと、さまざまなアークに出会えるはず！

▲ 下からハロ、上部タンジェントアーク、上部ラテラルアーク、環天頂アーク

▲ 月明かりで現れた上部タンジェントアーク

▲ 下からハロ、上部タンジェントアーク、上部ラテラルアーク、環天頂アーク

ハロやアークが見える位置

ハロやアークなどの虹色現象は、太陽に対する位置を知っておくと出会えるチャンスがグッと増えます。虹色に出会うには、こちらのイラストをチェック！

アーク ーあーくー

光

05 幻日・幻日環
－げんじつ・げんじつかん－

虹色のお話を進めてきましたが、ここにきて"幻"という字が登場です。「**幻日**」と「**幻日環**」。ふたつ一緒に見られることもあります。

幻日

幻日は、太陽の両サイドに見られる虹色の光のスポットです。幻の太陽のように明るく見え、左右の片側だけに見られることもあれば両側に現れることも。雲を作る**氷の粒**によって、太陽の光が**屈折**することでできるものです。

▲太陽の左の幻日

▲ハロ、幻日、幻日環

▲太陽の右の幻日と幻日環

Izumi's memo

幻日は「Sun Dogs」とも呼ばれます。太陽を追いかける狼の神話にちなんでいるそう。可愛らしいですね。

幻日環

幻日環は、太陽と幻日を結んでぐるっと一周円を描くように現れる、白い光のことです。なかなか見られないレア現象！ 部分的に光の筋のように見られることもあります。

幻日に対して幻日環は、**氷の粒**による光の**反射**だけで見える現象なので、虹色にはならず、白い光になります。

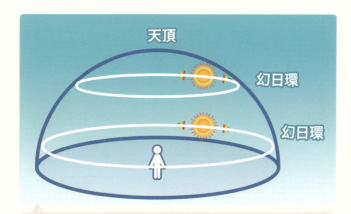

幻日環は、太陽の高さによって見かけ上の大きさが変わります。太陽の高さが高いときは、天頂付近に小さなリングのように、そして太陽が低いときは、空の低い位置を大きく1周するように見えます。

▲幻日環 ▲ハロ、幻日環

Izumi's memo

夕焼けの橙に染まる空と幻日のコラボレーション。それはそれは美しいので、ぜひ見つけてください！ 空を広く見られるような、なるべく開けた場所がおすすめ。私はビルの窓から幻日を発見することが多いです。お仕事終わりの夕暮れ時に屋上から眺めます、なんてとっても素敵ですよね。
幻日環は私自身、部分的に見たことがあるだけなので、いつか大きな環に出会いたいです。

▲夕焼けと幻日

▲ハロ、幻日、幻日環

▲ハロ、幻日、幻日環

▲ハロ、幻日、幻日環、下部ラテラルアーク

幻月、幻月環、月暈
太陽の周りだけでなく、月の周りにも見られることがあります。幻月・幻月環といいます。
→「Scene.6 夜」(月) 86ページ

幻日・幻日環 －げんじつ・げんじつかん－

どんなときに出会える?
・空高くに薄い雲がかかっているとき（幻日・幻日環）
・太陽が低い、朝や夕方（幻日）

天気はどうなる?
・出会ったあと、雲が厚みを増すと天気下り坂
・出会ったあと、雲がさらに薄くなると晴れ

幻日は、手を空に真っすぐ伸ばして手のひら1つぶん太陽から離れたところに現れます。出会うことができたら、手をかざしてみてください。

Izumi's memo

ハロやアークなどの虹色現象は、見えてから半日〜1日で雨が降り出すことがあります。その一瞬の虹色を見ることができたら、次はその後の天気にも注目してみてくださいね。

06 朝焼け・夕焼け
— あさやけ・ゆうやけ —

光

　赤く染まる空が印象的で、毎日見ていても、その日の天気や空気の質によってガラッと違った印象になる。それが、**朝焼け**や**夕焼け**の魅力的なところです。

　朝焼けや夕焼けは、太陽の光が空気中で散乱されて赤く染まる空の状態。太陽の光は白っぽく見えますが、実は波長の違うさまざまな光でできています。「波長の短い青い光」は、「波長の長い赤い光」よりも空気中で散乱されやすいという特徴があります。

　朝焼けや夕焼けの時間帯は、太陽の位置が低いですよね。太陽と私たちとの距離が長く、そのぶん太陽の光が空気中を通る距離も長くなります。その間に赤以外の光は散乱されて、赤い光だけが私たちの目に届くのです。

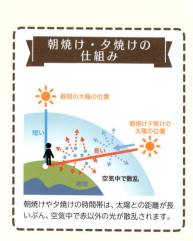

朝焼け・夕焼けの仕組み

朝焼けや夕焼けの時間帯は、太陽との距離が長いぶん、空気中で赤以外の光が散乱されます。

朝焼け・夕焼け ― あさやけ・ゆうやけ ―

◀▼▶ 空気が湿気たっぷりなときは、空はピンクがかった色に染まることがあります。不思議で印象的な空の色です。

▶ 雲の隙間から光の筋が見える「薄明光線(はくめいこうせん)」。雲に厚みがあって、隙間があるときに出会えます。光が地上に降り注いで朝焼けが海を照らす、美しい1枚です。

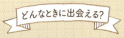

どんなときに出会える?

・朝の東の空(朝焼け)
・夕方の西の空(夕焼け)
日の出前や日の入り後は、特によく焼けます。

天気はどうなる?

「朝焼けは雨」、「夕焼けは晴れ」という言い伝えがありますが、そうでないこともあるので天気予報をチェック。雨の心配がないときは、焼けた空を存分に楽しみましょう!

Izumi's memo

早起きした日の朝焼けは、その日1日頑張るためのパワーをくれるような気がします。帰り道の夕焼けは、楽しい1日の終わりを告げているかのようで、ちょっぴり切ない気持ちになるかもしれません。

Izumi's memo

「幸せで胸がいっぱい」「悔しくてたまらない」「とてつもなく努力した」「もう少し頑張れたかも」。夕焼けは、その日の過ごし方によって見え方が変わる空No.1だと思います。燃えるように色付く空は、日中の青空と比べて刻一刻と色が変わっていきます。ときには立ち止まって、その変化を楽しんでみてください。

空が青いのはなぜ？

先ほどお話したように、青い光は赤い光よりも、空気中で散乱されやすいという特徴があります。四方八方に青が散らばって、私たちには日中の空が青く見えます。

空が青さが違うわけ

夏など空全体が湿っているときは、白っぽい印象の空になります。地面付近に水蒸気が多いので、地平線に近いところの空は天頂よりも白く見えるからです。一方、台風の通過で雨が降って空が洗われ、乾いた空気が入ってくると、すっきり晴れて鮮やかな青になります。
→「Scene.5 激」(台風) 78ページ

朝焼け・夕焼け
— あさやけ・ゆうやけ —

▲ 夕焼けと彩雲

▲ 対照的な青と赤が、えも言われぬグラデーションを作る不思議。これが自然の生み出す色だなんて、素敵ですよね。朝焼け・夕焼けは、神秘的な美しさを感じさせてくれる空です。

Izumi's memo

夕暮れ、夕時、夕景、
夕闇、夕方、夕刻、
薄暮（はくぼ）、黄昏（たそがれ）、
誰そ彼時（たそがれどき）、逢魔時（おうまがとき）

日が傾くこのときを表す言葉はさまざま。
夕焼けは、空だけでなく言葉の美しさも
感じさせてくれる現象かもしれません。

Scene.2

雲

当たり前のように日常に飛び込んでくる雲のこと。
ちょっと気にかけてみると、
それはそれは個性豊かです。

雲

雲の広がる日はどんな気持ちになりますか？
雲の形や色は十人十色。季節ごとに、1日ごとに、1時間ごとに、
ときには1秒ごとに、いろいろな表情を見せてくれます。
スッと伸びる雲が夕焼け空を演出してくれることもあれば、
青にミルクを混ぜたような薄い雲が空に優しさを与えてくれることもあります。

雲は、**水滴や氷の粒**が空気中に浮かんでいるものです。
水滴や氷の粒は小さいので落ちるのが遅く、
空には上向きの空気の流れがあちこちにあるので、雲は空に浮かんでいられるのです。
ほとんどの雲ができるのに必要なことは、"湿気たっぷりの空気"が"冷える"こと。
水蒸気を含む空気が冷えて水滴や氷の粒が生まれ雲ができます。
雲には多くの形がありますが、気象学的には
「**十種雲形**(じっしゅうんけい)」という10種類の雲に大きく分類されます。

例えば、夏の入道雲を思い浮かべてみてください。
雲とともに夏休みの思い出が浮かんできたかもしれません。
高く感じる秋の空を思い浮かべてみてください。
秋は雲が高い場所にあるから空が高く見えるのです。
雲のさまざまな表情に出会ってみてください。
そして、あなたのお気に入りを見つけてください。

雲

[高い雲]
01 すじ雲・うす雲
うろこ雲 ーすじぐも・うすぐも・うろこぐもー

空の高いところに現れる雲たち。
上層雲(じょうそううん)と呼ばれ、おおむね上空5,000m以上に現れます。空をより高く感じさせてくれます。

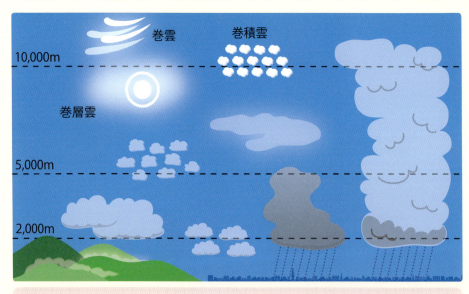

雲のできる限界の高さは季節によって変わりますが、平均的には11,000mほどです。

巻雲(けんうん)

　空の一番高いところにできる、氷の粒でできた白い雲。「すじ雲」といわれることもあります。雨を降らせる分厚い雲ではありません。羽のような、はけでサッと描いたような、マーブル模様のような、そんな様子が空に優しさを加えてくれます。

巻層雲（けんそううん）

　氷の粒で作られる、薄いベール状の白い雲で、「うす雲」と呼ぶことも。太陽の光を通すので、この雲が広がっていても影ができます。雲の厚みが増したり、雲が空全体を覆ったりすると天気が崩れることがあります。これはハロが現れる雲。虹色探しをしてみるのもおすすめ！
→「Scene1. 光」（ハロ）14ページ

［高い雲］ **すじ雲・うす雲・うろこ雲** － すじぐも・うすぐも・うろこぐも －

巻積雲（けんせきうん）

　水滴や氷の粒でできている雲。ひとつひとつが塊になって、粒々したように見え、「うろこ雲」「いわし雲」「さば雲」とも呼ばれます。空に手を伸ばして見たとき、雲の塊ひとつが小指で隠れるくらいの大きさが目安です。

Izumi's memo

雲は空の顔色。軽やかに薄く雲の広がる日は、なんだか気持ちもふわっとなって、空を見ながら延々とどこまでも歩けるような気分になりませんか？こんな雲と一緒に、疲れ知らずなスニーカーで出かけるのも良いですね。すじ雲が風に流される姿は、ずっと眺めていたくなってしまう。粒々したうろこ雲は、見ているとお魚を食べたくなるような、そんな雲です。

雲

[真ん中の雲]

02 朧雲・ひつじ雲 雨雲・雪雲

－おぼろぐも・ひつじぐも・あまぐも・ゆきぐも－

上空7,000～2,000mあたりで、中層雲に分類されます。
上層雲に比べて、曇りの印象を強める雲たちです。

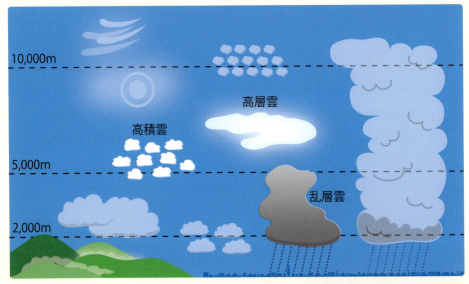

高層雲（こうそううん）

　空の大部分を覆うことが多い、灰色の雲。厚くなると太陽や月を隠すので、「朧雲」とも呼ばれます。太陽の光を通さず、この雲がかかると影はできません。巻層雲より厚いので、この雲ではハロを見ることもできないのです。巻層雲が低く厚くなって高層雲ができ、そこからさらに厚みを増して低くなってくると乱層雲になります。

高積雲（こうせきうん）

白っぽく見えたり灰色に見えたりする雲。塊やレンズのように、ひとつひとつまとまって見られ、「ひつじ雲」という名でもよく知られています。空に手を伸ばして見たとき、雲の塊ひとつが指1〜3本分くらいの大きさが目安です。巻積雲（けんせきうん）より低い空にあるので、塊のサイズが大きく見えます。

Izumi's memo

高積雲がぽこぽこ浮かぶ姿はひつじのよう。朝焼けや夕焼け空に浮かぶと、太陽の光が当たって影を作り、空を立体的に見せてくれます。朝焼け・夕焼けとひつじ雲は最高のコンビ！

［真ん中の雲］朧雲・ひつじ雲・雨雲・雪雲 － おぼろぐも・ひつじぐも・あまぐも・ゆきぐも －

乱層雲（らんそううん）

雲底（うんてい）は低く、暗い灰色をしています。雨や雪を降らせる代表的な雲で、「雨雲」「雪雲」と呼ばれることも。どんよりとした印象です。
→「Scene3. 水」(雨) 46ページ、(雪) 50ページ

雲

［低い雲］
03 くもり雲・霧雲
― くもりぐも・きりぐも ―

空の低いところに現れ、下層雲（かそううん）に分類される雲たち。
だいたい上空2,000m以下の高さに現れます。

層積雲（そうせきうん）

ロール状に見えたり、波のように見えたりします。ひとつの塊のようになっていて、雲が列を成すように並んでいることも。白っぽくも灰色にも見えるので、ときによって印象も違って見えるかもしれません。「くもり雲」と呼ばれることもあります。曇天をもたらす典型的な雲です。

層雲(そううん)

空の一番低いところにのぺーっと広がる層状の雲。これが地面にまで達すれば霧です。粒の小さな霧雨や弱い雪を降らせることがあり、「霧雲」といったりもします。
→「Scene3. 水」(雨) 46ページ、(雪) 50ページ、(霧) 56ページ

［低い雲］ **くもり雲・霧雲** ーくもりぐも・きりぐもー

Izumi's memo

雲の粒と霧の粒は、だいたい同じくらいの大きさです。空にある雲に触れたり、雲の上を歩いたりすることはできませんが、低いところに現れる層雲に出会うと、雲を近くに感じるかもしれません。

雲

[もこもこする雲]
04 わた雲・雷雲
－わたぐも・かみなりぐも－

上下の運動で、もこもこした形になる雲たち。
下層雲(かそううん)に分類されます。始めは可愛いミニサイズでも、
背が高く厚いものに成長すると、天気の急変をもたらすことがあります。

積雲(せきうん)

ぽっかりと浮かぶ、わたのような雲。見たままそのまま、「わた雲」という呼び名も知られています。空が湿っていて、晴れて気温が上がると、特に縦方向にもこもこと発達。成長して雲の塊が大きくなっていくと、**雄大積雲**(ゆうだいせきうん)(**入道雲**(にゅうどうぐも))になります。

積乱雲（せきらんうん）

［もこもこする雲］ わた雲・雷雲 −わたぐも・かみなりぐも−

空の低いところから高いところまで厚みをもった雲。迫力満点です。遠くからは濃く白く見えますが、分厚くて太陽の光を通さないため、真上に広がると空が暗くなります。雄大積雲が成長した雲で、限界まで背が高くなると、そこから横に広がって、かなとこ（金床）状になります。雷や雹を伴うのが特徴で、局地的に大雨や突風をもたらすことがあります。「雷雲」とも呼ばれます。
→「Scene.5 激」（ゲリラ豪雨）74ページ、（雷）75ページ、（雹）76ページ

Izumi's memo

積雲はわたあめのようで、地元のお祭りを思い出します。背の高い積乱雲は、真っ白くてもっくもく。どこまで身長を伸ばす気だろうかと目が離せなくなってしまいます。夏の象徴、積乱雲。夏休みの絵日記といえばこれ！ですよね。こういった雲の個性や特徴を知っていると、雨を回避できちゃうかもしれません。気にして見ると、意外とドラマチックな雲たちです。雨予報の日は降り出す前に出会ってみましょう。天気予報も、真上の空も、要チェックです。

あんな雲こんな雲——飛行機雲

　飛行機が通ったあとにスッと一筋伸びる雲。飛行機の排気と水蒸気が混ざって冷やされたり、飛行機が作る渦によって空気が冷やされたりすると、**飛行機雲**ができます。

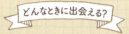
どんなときに出会える?

・空が湿り気たっぷりのとき。つまり、雨が近いとき

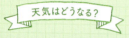
天気はどうなる?

・時間がたっても消えずに残れば、天気下り坂

飛行機雲［番外編］
飛行機が雲の中を通ると、こんなふうにぽっかり青空が顔をのぞかせることも。「消滅飛行機雲」や「消散飛行機雲」と呼ばれます。面白い空のひとつです。

あんな雲こんな雲——波状雲（はじょううん）

その名の通り、波打ったような姿をしている雲です。
　山などで生まれた空気の振動が、波となって空に伝わります。その波に乗った空気が空を昇ると雲ができ、降りると雲が消える、これが繰り返されてできる雲です。風が作ってくれる、目にも楽しい雲。海の波ならぬ、風の波が作ってくれる空の表情です。

Izumi's memo

空を広く見ることができる場所がなかなかない……という方もいますよね。
住宅街で見る空は狭いなと、私も思うことがあります。
でも、わざわざ遠出をしなくても、空の現象はいつもの日常のワンシーン。虹色を作ってくれる雲も、魚の骨みたいな雲も、物語の中の出来事ではなくて、全て日々を切り取った1コマなんですよね。
たとえ今いる場所が大都会のビル群の中だとしても、空を見上げる楽しさをいつも忘れないでほしいと思います。

Scene.3

水

空から落ちてくる水たち。
傘を開くとき、思い出してみてください。
水と関わるシーンを取り上げました。

水

01 雨 －あめ－

　"空から落ちてくるもの"と聞いて、まず思い浮かぶのが**雨**ではないでしょうか。

　雨は、**雲の中で成長して大きく重くなった氷の粒や雨粒が水滴として空から降ってくる現象**です。

　雲のページで、"水滴や氷の粒は小さいので落ちるのが遅い"という話をしました。水滴や氷の粒が成長して大きく重くなると、浮かんでいることができなくなって、雨や雪、霰（あられ）、雹（ひょう）として降ってきます。

→「Scene.2　雲」30ページ

Izumi's memo

雨の降り方はさまざまで、霧雨の日もあれば、土砂降りの日もありますよね。雨粒は大きいと落ちるのが速く、表面張力で球形に、空気抵抗でおまんじゅうのような潰れた形になっているんです。ある程度まで大きくなると今度は分裂して、ほかの小さな雨粒とぶつかり、再び大きくなることもあります。

天気予報でよく聞くあれこれ

1mmの雨?
　天気予報で耳にする「降水量」は、降った雨がそのまま溜まったときの深さで表しています。例えば、縦横1mの四角い部屋に、1時間で1リットルの雨が降ると、これは「降水量1mm」という計算になります。
→「Column.2　減災」104ページ

降水確率?
　予報されている地域内で、一定の時間内に、1mm以上の雨や雪が降る確率の平均を数字で表したものが降水確率です。雨の強さや量を表しているわけではありません。降水確率100%だから大雨だ!ということではないのです。

雨 ─ あめ ─

Izumi's memo

「どうしてきょうは雨なの?」「お誕生日なのに」「お出かけするのになぁ」「お布団を干してふかふかにしたかった」「洗車しちゃったんだけど」「なんとなく気分が上がらない」……そんな経験、あると思います。雨のことを知ったら、いくらか楽しく過ごすことができるかもしれません。

Talk Room
雨にまつわるトーク

雨の日のアイテム

雨が降る日に活躍する雨アイテム。雨が強く降る日や風の強い日は、丈夫な傘で出かけたいですよね。防水効果のあるグッズも重宝します。ここではそんなときにぴったりなアイテムをご紹介します！

おすすめレイングッズ①
＋TIC（プラスチック）
サエラ

オールプラスチックの傘。強い風でも壊れにくく、荒れ気味の天気の日に大活躍します。錆びないところも魅力的です。リサイクル可能で、地球にも優しいレイングッズです。

お気に入りの傘を持っておでかけ♪

おすすめレイングッズ②
ウォータープルーフ ボディバッグミニ
KiU

濡れても安心。持ち運びやすいコンパクトなサイズで、雨の日に両手が空くのも嬉しいポイントです。ユニセックスなデザインが可愛いかつ使いやすいスグレモノです。

雨の大きさ比べ

雨粒と身近なもの。大きさ比べでイメージしてみてください。

雨粒◆半径1.0mm
霧雨の粒◆半径0.1mm
雲粒◆半径0.01mm

シャープペンシルの芯◆
半径0.25mm（雨粒の4分の1）
髪の毛◆
半径0.05mm（雨粒の20分の1）

パインアメ◆
半径11mm（雨粒の11倍）

アメとアメ比べ！

半径11mm

口に入れるとじんわり広がる甘酸っぱさがたまらない、あの人気者パインアメ。飴を食べつつ、雨の大きさをイメージしてみてください。

雨の日におうちで…

自宅でゆっくり、おいしいものを楽しもう！ "天気"なお菓子をセレクトしました。

お気に入りのお菓子①
八重雲晴れてフィナンシェ
KAnoZA

出雲の雲の形が可愛らしい！ しっとり美味しいです。

お気に入りのお菓子②
不二ひとつ
銀座あけぼの

食感と、日本を象徴する富士山の形が魅力的です。

水

02 雪 －ゆき－

冬の白い雪は、街の印象をガラッと変える、寒い季節の象徴です。一気に景色をモノクロの世界に引き込む不思議。

雪は、雲を作る**氷の粒が、周りの水蒸気を取り込んでどんどん成長し、そのまま融けずに地上に落ちてくるもの**です。雨混じりの雪のことは「霙(みぞれ)」といって、観測上は雪とされています。

冬になると大陸から冷たい風が吹き出し、日本列島に冷たい北西の風が吹きます。この風に乗って運ばれた空気が、あたたかい日本海から水蒸気と熱をたくさんもらって、湿り気たっぷりの空気に変わります。

この湿り気たっぷりの空気は雲のもと。雲が成長して、特に日本海側の地域で強く雪を降らせることもあるのです。

雪が積もると見慣れた風景も一変します。北日本や日本海側の地域では、朝起きたら真っ白、なんてことも少なくありませんよね。雪がもたらす白い世界は少し寂しげで、とても美しいです。

実は、雪結晶は肉眼で形を楽しむことができるんです！ さらに、スマートフォンでも撮影が可能です。ものを大きく撮影することができるマクロレンズを使って撮影してみてください。100円ショップなどで購入することができますよ。本当にこんな姿をしているんだなぁ……と、その形の可愛さに胸がいっぱいになります。

雪｜ゆき｜―

雪ができるときの気温や水蒸気の量によって、雪結晶の形が変わります。
この雪の結晶に、0℃を下回っても凍らない冷たい水滴がたくさん付いて、丸くなったものが霰です。
→「Scene.5　激」(霰) 76ページ

Izumi's memo

沖縄旅行中、タクシーの運転手さんが「子どもたちに雪を見せてあげたいんだ」とお話ししてくれたことがありました。秋田へ取材に訪れたとき「かまくらの中で飲む甘酒は最高だよ」と教えてくれた方がいらっしゃいました。東京生まれの私は「カーテンの向こうの景色が白くなるか、ちょっとわくわく」。
天気の中で雪は、住む場所によって最も印象が違うといっても過言ではないでしょう。美しさも、厳しさも、知ることが第一歩だと、私は考えています。

03 ブライトバンド
― ぶらいとばんど ―

ドーナツって好きですか？ パインアメってご存知ですか？ 輪になっているものって、目に留まるとなんだか気になってしまいますよね。ここで紹介する**ブライトバンド**は、冬に出会える輪です。

冬に雨雲レーダーを見ると、丸い輪のようなエコーが見られることがあります。これは「ブライトバンド（Bright band＝輝く輪）」と呼ばれています。

これが見えたらどうなの？が気になるところですよね。ブライトバンドが見えたらその場所は、**上空で雪が融けて雨に変わっている**というサイン。地上では雪ではなく雨が降っているということです。特徴的なエコーですが、激しい雨や雷などを表しているわけではないのですね。

▲ 2019年4月10日の東日本。レーダーで丸い輪が見られました。これがブライトバンドです。

ブライトバンドは、雪が融けて雨になる、気温が約0℃の大気の層（融解層（ゆうかいそう））をレーダーで捉えたものです。レーダーはぐるぐる回転しながら雨や雪を捉えるのですが、「雪よりも雨を、そして粒が大きいものほど、捉えやすい」という特徴を持ちます。雪の周りが融け始めて水になっていて、雨粒よりもサイズが大きくなっているぶん、反射が強くなってしまうのです。

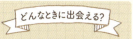
どんなときに出会える？

・冬の雪や雨の日

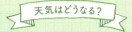
天気はどうなる？

・時間がたつにつれて輪が小さく見えるようになると、その場所で地上に雪が降る可能性が高くなる
・逆に輪が大きくなっていけば、雪の可能性は低くなっていく

ブライトバンドを見つけたら、そのあとしばらく注目してみましょう！
雨や雪降る冬の一日、あたたかいお部屋でゆっくり探してみてください。

雨雲レーダー画像と実際の天気

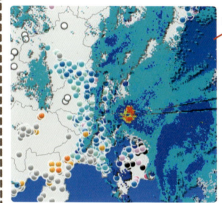

このときの関東の天気

2017年3月27日。関東で、ブライトバンドが見えていた日です。広範囲で雨や雪の降る寒い一日でした。

▲2018年2月1日。レーダーで高知県付近でブライトバンドが捉えられていました。

Izumi's memo

主張の激しいブライトバンドは、一度見たらなかなか忘れられない存在。実は、雨が降るのか、雪が降るのかを探るときに重要なものなんです。期間限定、レーダー画像で待ち合わせです。

04 霜 －しも－

その冬初めて見ると、「もうそんな時期か」なんて思わされる。そんな霜のお話です。

霜は、地上付近の空気中の水蒸気が冷えて、地表や草木の表面で氷になったものです。**風が弱く、晴れて冷え込んだ朝**によく見られ、気温は3℃以下がひとつの目安。

気温は約1.5mの高さで測っているのですが、風が弱く晴れている朝は地表はとても冷えやすくなります。そのため、気温が3℃くらいだと地表の温度は氷点下になることが多く、霜の結晶が生まれます。

霜柱は、地表や土の中の水分が凍ってできたものです。まず地表の水が凍り、そのあと土の中の水が吸い上げられて地表で凍る、ということが繰り返されて柱状になったものです。

どんなときに出会える？

・風が弱く、晴れて冷え込んだ朝

「早霜（はやじも）」と「晩霜（おそじも）」

「早霜」とは、秋の季節外れに早い霜のこと。そして「晩霜」とは、晩春から初夏にかけての霜のことです。それぞれ農作物に被害を及ぼすことがあり、気象庁から「霜注意報」が発表されることがあります。

寒い季節の水いろいろ

細氷(さいひょう)

空気中の水蒸気が冷えて氷の結晶になり、太陽の光に照らされてキラキラと輝いて見えるものです。「ダイヤモンドダスト」ともいわれます。気温が低く（約-15℃以下が目安）、水蒸気があって、晴れて風が弱い。こんな条件がそろったら出会えるチャンスありです。

極寒なので、出会うには覚悟が必要かもしれません……！ 寒さに強いあなたは、出会いに行ってみるのもいいですね。

霜 -しも-

霧氷(むひょう)

空気の中の、0℃を下回っても凍っていない水滴や氷の粒、霧が、葉や枝などにくっつく瞬間に凍ったものです。幻想的な白い木々たちを楽しんでみてください。

氷の粒が太陽の光を反射してみられる「太陽柱」も現れています。

05 霧 −きり−

霧は、**空気中の水蒸気を含む空気が冷えて、水滴になったもの**です。霧のでき方は雲と同じで、粒の大きさも同じくらいです。雨のあとなどで空気が湿っているときに寒くなると、霧が発生しやすくなります。

霧と雲との違いは、"地面に接しているかどうか"。**地面に接していれば「霧」、接していなければ「雲」**です。霧の中にいるということは、雲の中にいるのと同じようなことなので、見通しが悪くなるのです。

→「Scene.1　光」（白虹）11ページ
→「Scene.2　雲」30ページ

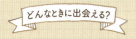
・雨上がりの翌日の冷えた朝

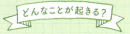
・濃い霧が発生しそうなときは、気象庁から「濃霧注意報」が発表される
注意報が出ているときは、車や自転車の走行などにご注意ください。

霧―きり―

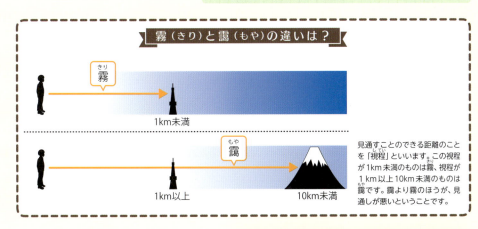

見通すことのできる距離のことを「視程」といいます。この視程が1km未満のものは霧、視程が1km以上10km未満のものは靄です。靄より霧のほうが、見通しが悪いということです。

雲海(うんかい)
盆地などで霧が発生していると、山など高い場所からは目線より下に「雲海」として見られることもあります。まさに"雲の海"。圧巻です。

Scene.4

風

風の向きや強さによって、雲ができたり暑くなったり。
そのとき起こる出来事は、風によってガラッと変わります。
目には見えない風のこと、感じてみてください。

風

01 風 －かぜ－

　そよそよと優しく包み込むような柔らかい風は、心地良さを与えてくれます。一方、びゅーびゅーゴーゴーと荒々しく吹く風は、危険をもたらすことがあります。ときに優しく、ときに恐ろしい風と、上手に付き合いたいですね。

　風は、気圧の違いによって力が生じることで吹くものです。「気圧」は空気の重さのことで、高いところから低いところに水が流れるように、空気も高気圧から低気圧に向かって流れるのです。

　風の強さ（風速）はm/s（メートル毎秒）で表します。風の向き（風向）は、例えば北から吹いてくる風が北風です。

Izumi's memo

天気予報でよく目にする地上の天気図には、同じ気圧のところを結んだ「等圧線（とうあつせん）」が描かれます。日本では気圧の高いほうを右に、低いほうを左に見て、この線とおおむねね平行に風が吹きます。きょうはあたたかい南風が吹くのか、北風が冷たい一日なのか。どこからどんな風が吹いてくるかは、地上の天気図でチェックできちゃいますね。

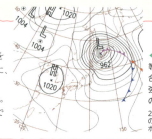

◀こんなふうに等圧線が混み合っていたら、強い風に注意！の印です。
2018年3月2日の天気図（気象庁ホームページより）

風
かぜ ―

あんな風こんな風

・桜吹雪が美しく見えるのは、風速4〜5m/sほど
・鯉のぼりが泳ぎ始めるのは、風速3〜5m/sほど
なんです。こういった季節の風物詩たちも、風が私たちに気付かせてくれるんですよね。
　そうそう、私はドローンを風に見立てて短距離の競争をしたことがあります。風速3m/sのスピードのドローンには勝つことができましたが、風速5m/sのスピードのドローンには勝てませんでした。

Talk Room 風にまつわるトーク

今日なに着よう？

気温変化で悩んでしまう服装選び。日々の目安にどうぞ。

25℃以上 　半袖ですっきり快適に

25℃未満 　長袖シャツがちょうどよさそう

20℃未満 　カーディガンで上手に調節

16℃未満 　セーターがあるといいかも

12℃未満 　トレンチコートが活躍

8℃未満 　冬物コートであたたかく

5℃未満 　ダウンコートでしっかり防寒！

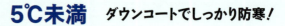

冬は風の有無で体感温度もガラッと変化します。一般的には、風速1m/sで体感温度は1℃下がるといわれています。冬は服装選びの前に、気温だけでなく、風が強いかどうかもチェックしましょう。風冷えに備えた装いを。

Izumi's memo

私の雨の日の定番は、全身真っ白コーディネートでお出かけすること。土砂降りの日は避けますが、少しの雨ならおすすめです。どんよりした気分もすっと晴れるような、そんな気がしています。

春 — 風と花粉

　花粉シーズンは、太陽のすぐ周りに虹色の環が見られることがあります。これは**「花粉光環（かふんこうかん）」**というもの。花粉の粒子によって太陽の光が曲げられる「回折（かいせつ）」という現象で見られます。

　美しいものの、これは花粉が多く飛散している証拠。うーん、見られて嬉しいような悲しいような……。これが見えたら、対策はいつも以上にしっかりと行いたいですね。肉眼で見られますが、**太陽を直視しないようお気を付けください。**

どんなときに出会える？
・雨上がりの晴天
・気温が高い
・風が強い
・湿度が低い
こんな日は花粉が飛散しやすいです。対策を入念に！

夏 — 風が弱い日

　蒸し暑い夏は、熱中症に油断できません。気温や湿度が高く風が弱い日は、特に注意が必要です。アスファルトの道路上などでは、地面に近いほどさらに高い温度に……。お子様やペットの熱中症は特に気を付けたいです。

例えば…
- 30℃
- 38℃
- 40℃
- アスファルト 55℃

⚠ 熱中症の症状
- めまいがする
- 立ちくらみ
- 手足のしびれ
- 頭痛　・吐き気
- けいれん
- 体が熱い　　など

→

✚ 対処
・涼しい場所へ
・衣服を緩め、体を冷やす
・水分や塩分の補給
　　　　　　　　　など

これらは、あくまでも応急処置です。症状が改善されなかったり、意識障害などが見られたりしたら、急いで救急車を要請してください。

[参考：消防庁]

風

02 笠雲・吊るし雲
－かさぐも・つるしぐも－

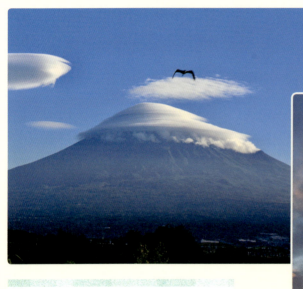

　同じようでいて、毎日違う空。浮かぶ雲の顔もさまざまです。ここで紹介する**笠雲**や**吊るし雲**は、山のそばなどで見られる、つるっとした円盤のような形の雲たちです。

　山を越える流れや山の風下などで生まれた空気の波では、**空気が空を昇ると雲ができ、降りると雲が消えます**。山が関係する場合は、天気が変わらなければ同じような空気の流れが続くので、雲も生まれ続けて、その場に雲が居続けるように見えるという特徴があります。

　山の上に笠のようにかかる雲は「笠雲」、山の風下側で生まれた波に乗って、山から離れた場所でもできる雲は「吊るし雲」と呼ばれます。

円盤のような形の雲が生まれるワケ

風の波

空気が昇ったり降りたりする風の波によって、笠雲・吊るし雲の、つるっとした円盤形が生まれます。

どんなときに出会える?

・雲の存在や形が分かるくらいに晴れているとき
・上空で空気が湿っているとき
・上空で風が強いとき
・近くに山があるとき　など

天気はどうなる?

・天気下り坂になることがある

笠雲・吊るし雲 － かさぐも・つるしぐも －

つるっとした姿から、上空の風が強いということが分かります。特に**登山のときにこんな雲を見かけたら、天気が崩れる前兆**です。富士山の笠雲や吊るし雲は、平地でも雨の前触れになることがあります。

Izumi's memo

ひときわ目をひくこの形。滑らかなさまは、見ていると触ってみたくなってしまいます。世界中の空を操るのではないかと思うほど、ドラマチックな形の雲たちです。UFOみたいな、こんなユニークな雲を発見したら、思わず誰かに見せたくなってしまいますね。

風 03 春一番 －はるいちばん－

　寒さ厳しい冬を越え、待ちに待った春が訪れます。**春一番**は、立春から春分の間に、**その年一番始めに吹く南寄りの強い風**のこと。
　春一番の定義は場所によって異なります。ここでは関東地方の定義を見てみましょう。

関東地方の春一番の定義
・立春から春分の期間
・日本海に低気圧がある
・南より（西南西〜東南東）の強い風（風速8m/s以上）が吹き、前日より気温が上がる

　このように「立春から春分の間に」という決まった期間が設けられているので、この期間に定義どおりの風が吹くことがなければ、その年は春一番の発表がないのです。

実はこんな心配が……

春一番は強い風なので、強風による災害に要注意です。海がしけて、船の事故を引き起こすことも。乾燥した風が強く吹くことで、大火災が発生してしまう可能性もあります。また、気温が上がるので、スキーや登山のときは雪崩の恐れが出てきます。

春一番が吹いて気温が上がったあとは、寒さが戻ることもよくあります。春一番のあとは天気予報で気温の変化もチェックしてみてくださいね。

春一番 － はるいちばん －

Izumi's memo

「春の空気に包まれて眠りたい」「並木道を散歩しよう！」「日向ぼっこしている猫ちゃんを邪魔したい」「景色も色付いて見える。歌でもうたっちゃおうかな」……春ってそんなイメージかもしれません。でも、春の始めに吹く春一番には、実は注意が必要です。出会える季節には、そのことも思い出してみてくださいね。

04 フェーン現象
―ふぇーんげんしょう―

　風がもたらす現象ですが、気温に大きく関わります。「あ、これ知ってる」を、ここでもうひとつ増やしてみてください。

　フェーン現象は、山を挟んで風上側より風下側で気温が上がる現象のこと。空気が山を昇ると温度が下がります。水蒸気を含む空気は冷えて雲ができ、その雲はやがて雨や雪を降らせて乾いた空気になります。

　その乾いた空気が山を降りるとき、今度は空気があたためられて、もとの空気よりあたたかくなります。これが地上の気温上昇につながるというわけです。

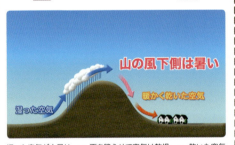

フェーン現象の仕組み

湿った空気が山昇り → 雨を降らせて空気は乾燥 → 乾いた空気が山降り → 地上の気温上昇

フェーン現象は「**空気が山を昇るのかどうか**」と、「**空気の湿り具合い**」がポイント。山の高さが高く、昇る前のもとの空気がしっかり湿っているときほど、フェーン現象は顕著に見られます。

もとの空気が乾いていても、フェーン現象が起こることがあります。あたたかい空気が空高くに流れ込んでいると、その空気が山を降りるときに、さらに空気があたためられます。そして地上の気温上昇をもたらすのです。

フェーン現象 －ふぇーんげんしょう－

典型的なフェーン現象の例

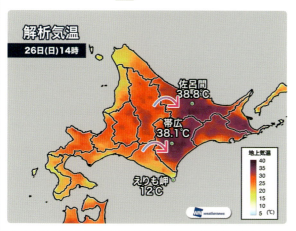

山が出てきたということはこの現象、地形に大きく関わります。
例えば、2019年5月、北海道の道東で記録的な高温になりました。北海道で南北に連なる山を西寄りの風が越えることで、フェーン現象がおき、十勝地方やオホーツク海側の地域で気温が上がったのです。典型的なフェーン現象の事例です。

Izumi's memo

山の向こうからやって来た空気がここにいるのかと思うと不思議。山登りをして、旅をしてきた空気なんですよね。目には見えないけれど、知らず知らずのうちに、私たちは長旅を終えた空気たちに出会っているのでしょうか。
厳しい暑さは身体にこたえ、体調にも大きく関わります。対策をするためにも、フェーン現象のことを知っておいてくださいね。

05 カルマン渦列
－かるまんうずれつ－

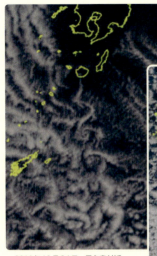
▲ 2016年12月24日　屋久島付近

▲ 2017年1月23日　済州島(チェジュ)付近

▲ 2017年1月31日　済州島付近

　空を違った視点で楽しんでみましょう！　ここで紹介するのは、冬に出会える渦巻です。寒さが厳しいころ、気象衛星画像で韓国の済州島や、日本の屋久島に注目してみてください。

　大陸から冷たい空気が流れ出し、日本列島に北寄りの風が吹くと、島の北側（風上側）から回り込んだ風は、島の南側（風下側）で渦を作ります。

　これを衛星画像で見てみると、雲が渦に沿って流れ、うずうずと特徴的な形になっていることがあるのです。これは**「カルマン渦列(うずれつ)」**と呼ばれています。

カルマン渦列 －かるまんうずれつ－

どんなときに出会える？

・冬、北からの冷たい空気の流れ込みが強いとき
衛星画像に注目してみてください！

天気はどうなる？

・日本海側ほど雪降る冬空に

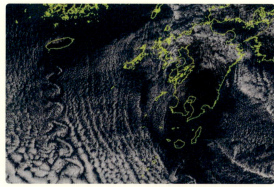

▲ 2017年10月30日　済州島・屋久島のダブル

渦[番外編]

　北海道の利尻島でも渦が作られることがあります。オホーツク海の高気圧などから、冷たい空気が流れ込んでいるときに、見られることがあります。こんなふうに高い山がある島では、衛星画像で渦に出会えるチャンスがあります。

▲ 2019年1月29日　利尻島付近

Izumi's memo

風は目に見えないけれど、こうした渦で風を"見る"ことができるんです。渦のできる理由を知って自分で会いに行けたら、きっと好きになります。寒い日に、お部屋でぬくぬくしながら見つけることができますよ！　期間限定の楽しみ。忘れずに出会いたいです。

[衛星画像：NICT]

Scene.5
激

空の仕組みを知っていたら、
危険な現象とも上手に向き合うことが
できるかもしれません。
空の激しい一面に触れてみましょう。

01 ゲリラ豪雨
-げりらごうう-

　突然雨に降られてずぶ濡れ……という経験はありますか？「急な雨！」と思ったらあっという間に降り止んだ、なんてこともあったかもしれません。気温が上がってむしむしと暑くなった日、急な雨のことを気にしてみてください。

　局地的に降る大雨を**「ゲリラ豪雨」**ということが多いですが、気象庁では**「局地的大雨」**と呼んでいます。**地上で気温が上がることや水蒸気が増えること**は、雲を発達させる要因となるので、特に夏は出会う機会が多くなります。手足にまとわりつくようなあの蒸し暑さは、雨雲のもとになるのですね。

積乱雲を衛星画像で見てみると、かなとこ雲が広がる様子が分かります。
[衛星画像：NICT]

遠くに見える積乱雲から強い雨が降っている様子。雨の筒「雨柱」ができています。

02 雷・竜巻
―かみなり・たつまき―

雷

　雷は、分厚い積乱雲の中で、氷の粒がぶつかり合うことなどで起こります。背が高く発達した雲の中で電気にかたよりが起こると、それを解消しようとして放電が起こるのです。夏は太平洋側、冬は日本海側で発生しやすいのが特徴です。

竜巻

　竜巻は、発達した積乱雲の真下で発生する地上の激しい渦巻きです。雲の底から伸びるように渦を巻き、地上にまで達していないものは「**漏斗雲**（ろうとぐも）」と呼ばれます。漏斗雲は竜巻が今まさに起こっているか、起こる寸前という危険な状況です。

03 霰・雹 −あられ・ひょう−

霰や雹は、空から降ってくる白い氷の塊で、どちらも発達した積乱雲の中で成長します。

霰は、0℃を下回っても凍っていない冷たい水滴が、雪の結晶にたくさん付いて丸くなったものです。

雹は、霰が積乱雲の中で上下運動を繰り返し、さらに大きくなったもの。重いほど落下するのが速くなります。怪我や農作物への影響につながることもあり、注意しなければならない現象です。

霰と雹の違いは？

霰と雹の違いは、大きさです。
- 霰：直径5mm未満
- 雹：直径5mm以上

ゲリラ豪雨・雷・竜巻・霰・雹――前兆となる雲たち

霰・雹 -あられ・ひょう-

▶かなとこ雲

●かなとこ雲
積乱雲が空高くまでもくもく発達すると、限界を迎えててっぺんが横に広がっていくことがあります。「**かなとこ雲**」といいます。

▶アーチ雲

●アーチ雲
発達した積乱雲から冷たい風が吹き出して、周りのあたたかい空気とぶつかると「**アーチ雲**」というロール状の低い雲ができることがあります。これが積乱雲につながっているものは「**棚雲**（たなぐも）」と呼ばれることも。

▶乳房雲

●乳房雲（ちぶさぐも、にゅうぼうぐも）
雲の底がぼこぼこした形に見えることがあり、これは「**乳房雲**」と呼ばれます。怪しさ満点、特徴的な形ですよね。積乱雲が進んでいる方向の、雲の底に現れます。

注意
どの雲も、見えたら突然の雨や落雷、竜巻、雹の前兆になります。前兆を見逃さず、事前にしっかりと備えましょう。

前兆を見たら・出会ったらどうする？

- 局地的な大雨は、道路冠水や川の増水をもたらすことがあるため、すぐに安全な建物内などに避難してください。地下はNGです。
- 雷の音が聞こえたら落雷の可能性あり。**鉄筋コンクリートの建物や自動車**（オープンカーは不可）の中など安全な場所に避難してください。建物や自動車がない場合は、保護範囲内に身を低くして退避しましょう。高い木の近くは危険なので、保護範囲内でも全ての木の幹や枝、葉から2m以上離れてください。ただし、この保護範囲は一時的な退避場所です。状況が落ち着いたら安全な場所に避難してください。
- 竜巻発生時は、屋外では木や電柱が倒壊することがあります。屋内では窓やカーテンを閉めて窓から離れ、テーブルの下などで頭を守りましょう。
- 霰や雹は、短時間で道路に積もってしまうこともあるので、車の運転などに要注意です。
→「Column.2 減災」104ページ

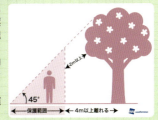
▲保護範囲

04 台風 −たいふう−

　7月～10月頃にかけて、毎年のように**台風**が日本にやって来ます。台風は、熱帯の海で発生する低気圧のひとつで、とても多くの積乱雲が集まった激しい渦です。

　あたたかい海の上を通り、水蒸気がたっぷり供給されると、多くの積乱雲が発達して、やがて渦を巻いて台風になります。発達した台風は、遠く離れた場所へも大雨をもたらすことがあるのです。台風が接近すると暴風や高潮、高波、竜巻の危険性も高まります。

　北半球では、台風をとりまく風は反時計回りで吹き、気圧（hPa/ヘクトパスカル）の数字が小さいほど発達していることを表します。台風が伴う「**強風域**」では風速15m/s以上の風が、「**暴風域**」では25m/s以上の風が吹いており、台風の進路上では、災害の危険性が高くなります。

→「Column.2　減災」104ページ

台風の強さと最大風速

- 強い台風　　　：33m/s以上～44m/s未満
- 非常に強い台風：44m/s以上～54m/s未満
- 猛烈な台風　　：54m/s以上

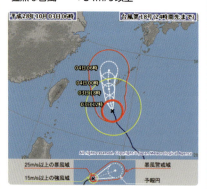

気象庁の台風情報を確認して備えましょう。

台風の大きさと風速15m/s以上の半径

- 大型　：500km以上～800km未満
- 超大型：800km以上

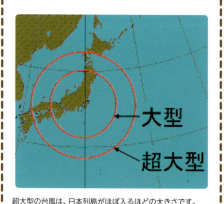

超大型の台風は、日本列島がほぼ入るほどの大きさです。

[画像：気象庁ホームページより]

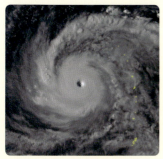

◀ 2018年の台風21号の様子。8月31日の衛星画像で、台風の渦やとりまく雲が捉えられています。
［衛星画像：NICT］

台風が"●●"に変わった?

台風が"熱帯低気圧"に変わった

　台風と熱帯低気圧の違いは風速のみ！ 最大風速がおよそ17m/s以上なら台風、17m/s未満なら熱帯低気圧です。

台風が"温帯低気圧"に変わった

　台風のあたたかい空気に、北からの冷たい空気が引き込まれると温帯低気圧になります。ただ構造が変わるというだけで、台風だった頃よりも発達して、被害が大きくなることも。温帯低気圧に変わったからといって、決して油断はできません。

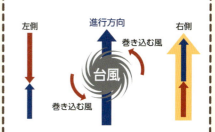

台風中心の右？ 左？

　台風を取り巻く風に、台風が移動する進行方向の風が加わると、さらに危険です。台風の進行方向に対して右半分を「**危険半円**」、左半分を「**可航半円**」といいます。自分がいる地域が「危険半円」にあたる場合は、特に暴風や強風への備えを十分に確認しましょう。

Izumi's memo

台風が過ぎ去り雨風が収まると、すっきり晴れて「台風一過」の晴天となることもあります。台風が過ぎ去ったら、穏やかな空に癒されたいですね。

台風 - たいふう -

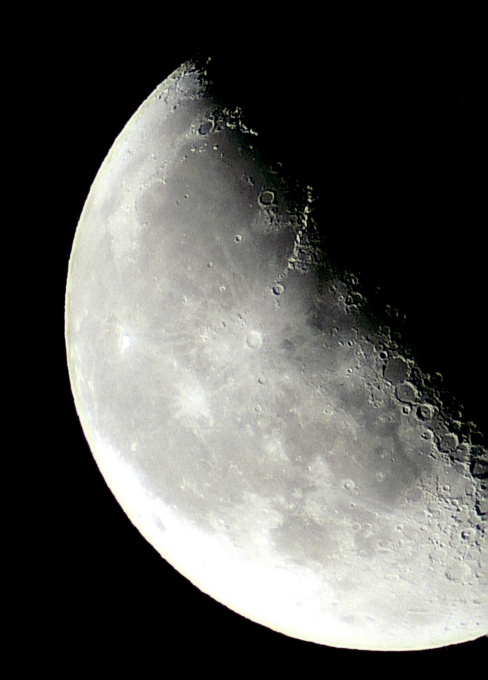

Scene.6

夜

なんだか切ない、ちょっぴり寂しい暗い空。
暗いからこそ引き立つ輝きがあります。
夜の魅力に目を向けてみてください。

夜

01 星 −ほし−

キラキラな世界へ、いらっしゃいませ！　ロマンチックな**星**のお話です。
星を見上げて癒されたり、流れ星に願い事を唱えたり。そんな経験、ありますよね。季節ごとの代表的な星と、見つけ方を紹介します。

春の星

南の空に注目してください。北斗七星の柄から滑らかに線を伸ばすと、うしかい座の1等星**アークトゥルス**に出会えます。さらにそこから線を伸ばすと、おとめ座の1等星**スピカ**も発見。このふたつの星と、しし座の2等星**デネボラ**とを結んだ三角形が、**春の大三角**です。

▲5月中旬 21時頃 東京の星空
・うしかい座「アークトゥルス」　・おとめ座「スピカ」　・しし座「デネボラ」

夏の星

天の川を挟んで、こと座の1等星の**ベガ**（織姫）と、わし座の1等星**アルタイル**（彦星）がいます。ふたりを思いながら、見つけてみてください。

▲8月中旬 21時頃 東京の星空
・はくちょう座「デネブ」　・こと座「ベガ」　・わし座「アルタイル」

秋の星

　ペガスス座の東の辺を下に伸ばしていくと、みなみのうお座の1等星、**フォーマルハウト**にも出会えます。おとなしい秋の夜空に映える輝きです。

星 ほし

秋の四辺形

▲ 11月中旬 21時頃 東京の星空
・ペガスス座「マルカブ」「シェアト」「アルゲニブ」　・アンドロメダ座「アルフェラッツ」

冬の星

　星のなかで最も明るいおおいぬ座の**シリウス**は、存在感が抜群！　オリオン座の足元に見つけることができます。冬は明るい星が多く、にぎやかな季節。冬の大三角と冬のダイヤモンドは、お家が待ち遠しい寒い夜でも、ついつい立ち止まって見上げてしまう美しさです。

冬の大三角／冬のダイヤモンド

▲ 2月中旬 21時頃 東京の星空

冬の大三角
・こいぬ座「プロキオン」
・おおいぬ座「シリウス」
・オリオン座「ベテルギウス」

冬のダイヤモンド
・こいぬ座「プロキオン」　・おうし座「アルデバラン」
・おおいぬ座「シリウス」　・ぎょしゃ座「カペラ」
・オリオン座「リゲル」　・ふたご座「ポルックス」

［星座イラスト（部分）：国立天文台］

流れ星とは？

地球の大気と塵（流星物質）が衝突して、光を放つのが**流れ星**です。塵（流星物質）が地球大気の分子とぶつかって、プラズマ発光したものです。

宇宙空間で彗星が進むとき、塵の集団を帯のように残します。地球が公転するときに、宇宙にあるこの塵の帯に飛び込むことで、流れ星が見られます。

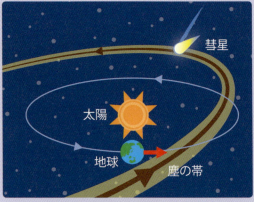

▲宇宙空間を彗星が通ったあとに残された塵の帯に地球が進入すると、その塵が地球上では流れ星として観測されます。

どんなふうに見える？

毎年同じ時期に、決まった場所に出現するのが**流星群**です。「放射点（ほうしゃてん）」と呼ばれる点から放射状に流れます。

放射点近くを見ていると一瞬光るように、離れたところを見ていると長く伸びるように流星が見られます。願い事を唱えたい方は、長く伸びる流星を狙ってみると良さそう。

※流星群以外に、空のさまざまな方向に現れる散在流星（さんざいりゅうせい）もあります。

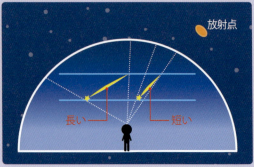

▲放射点から離れた位置を流れる流れ星ほど、より長い流れ星に見えるようになります。

> **代表的な流星群**
> ・しぶんぎ座流星群 (1月頃)
> ・ペルセウス座流星群 (7〜8月頃)
> ・ふたご座流星群 (12月頃)
> 毎年ほぼ安定して見られる「三大流星群」です。

星 ほし

流れ星を観測するときは？

街明かりがにぎやかな場所は避け、空の開けた場所で観測するのがおすすめです。方角は決めずに、なるべく空全体を見ていたほうが、多くの流星に出会える可能性が高くなります。月明かりのない夜が好条件。月が出ているときは、月と離れた方角の空を見上げましょう。冬の夜は防寒も忘れずに！

観測のポイント
・明るい場所を避ける
・空が開けた場所で見る
・方角は決めずに空全体を見る
・月明かりのない夜が最適

夜

02 月 －つき－

　夜空の主役、お月さま。欠けたり、満ちたり、雲に隠れたり。神秘的で不思議な、魅力ある存在です。

　月は、地球の周りを公転している地球の**衛星**です。日本でよく知られるのは、うさぎのお餅つきの模様。「月はいつも同じ模様だけど、裏表はないのかな？」と思ったことはありませんか？　地球にいる私たちには、月は常に同じ面を向けているように見えていますが、月にも表裏があります。

　月は約27日かけて、地球の周りを1周します。そして同じように約27日かけて自転しています。つまり、**"地球の周りを1周する間に月自身も1回転している"**ということ。このために、地球から見た月は常に同じ模様に見えるのです。

　たまには裏の顔も見せてほしいような気がしてしまうのは、みんな同じかもしれませんね。

Izumi's memo

月に薄い雲がかかると、昼間太陽が出ているときと同じように、虹色現象に出会えるチャンスがあります。
→「Scene.1　光」（彩雲）12ページ、（ハロ）14ページ、
　　　　（幻日・幻日環）22ページ

Izumi's memo

月の満ち欠けは、夜空の魅力のひとつ。"C"の形のように左側が輝いて見えるとき、月はそこから欠けていき、")"の形のように右側が輝いて見えるときには、日に日に満ちていきます。"欠けるのC"、と覚えておくと、月の変化をより楽しむことができます。さて、きょうの月はどんな姿ですか？ ぜひ見上げてみてください。

月（つき）

太陽と月

地球から月までの距離の およそ **400倍**

地球　月　太陽

大きさ（直径）は月の およそ **400倍**

私たちから見て、太陽と月はだいたい同じ大きさに見えますよね。地球から太陽までの距離は、地球から月までの距離の約400倍あります。そして、太陽と月の大きさも約400倍違うんです。
本当に不思議で素敵な偶然。この偶然によって、私たちには太陽も月もほぼ同じ大きさに見えるんです。

上弦(じょうげん)の月と下弦(かげん)の月

上弦か**下弦**かは、月が"沈むとき"の形で決まります。

月が沈んでいくとき、弓の弦が上だと上弦の月です。右側が輝いて見えます。太陽の光に照らされて、昼間〜深夜にかけて見ることができます。

月が沈んでいくとき、弓の弦が下だと下弦の月です。左側が輝いて見えます。深夜〜昼間にかけて出会うことができます。

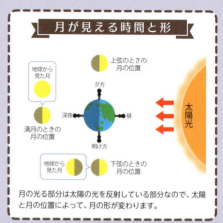

月が見える時間と形

月の光る部分は太陽の光を反射している部分なので、太陽と月の位置によって、月の形が変わります。

▲上弦の月

▲下弦の月

▲ブルーモーメントに浮かぶほっそりお月さま。一瞬しか出会えない、美しい1枚です。

Izumi's memo

欠けた細い細い月は、にっと笑った顔のように、口角の上がった顔のように見えませんか？ 「こんなふうに笑顔で過ごそう」と思えるような、細い細い月の浮かぶ空が、私は大好きです。毎日姿を変えて現れる月。出会える時間も、見られる形も、日々変化するところが、月の魅力です。あなたのお気に入りの月の姿を見つけてみてください。

地球照（ちきゅうしょう）

　太陽の光が地球に当たり、その光を地球が反射して、月の欠けて暗くなっている部分がうっすら光るものを**「地球照」**といいます。なんとも大規模な反射ですね。

　とてつもなく美しい現象なので、ぜひぜひ見てほしいです。肉眼でしっかり見えるのが嬉しい地球照です。明暗がはっきりして、月の凹凸を立体的に見せてくれます。

地球照の仕組み

太陽からの光が地球に当たって反射し、その光が月に当たってうっすらと光って見えるのが地球照です。

ブルームーン

　だいたい1カ月に1度、満月の日が訪れますが、1カ月に2度満月に出会える月もあります。その月の2度目の満月は、**「ブルームーン」**と呼ばれることがあります。いつもと少し違った気持ちで見上げられるかもしれませんね。

▲2015年7月31日
7月2度目の満月

夜

03 ISS（国際宇宙ステーション）
—アイエスエス—

「ISS」（International Space Station ／国際宇宙ステーション）は、地上約400kmに建設された有人実験施設で、2000年から宇宙飛行士の方々が滞在しています。1周約90分の速さで地球の周りを回り、地球や天体の実験や研究、観測などを行っています。（JAXAホームページより）

普段は意識しない、地上400kmの世界はどんなところなんでしょう？　空を見上げて、ISSを探しながら、思いをはせてみてください。

ISSを観測しよう

晴れている日に、開けた場所で観測してみましょう！　見える角度が大きいとき、すなわち真上に近いところで見られるときほど観測しやすいです。日の入り前と日の出後の約2時間の間に出会え、肉眼で楽しむことができます。

Izumi's memo
見つけられると本当に嬉しくて楽しい。出会うとなんだか不思議な、希望の光を見たような、そんな気持ちになります。夢を与えてくれるもの——ISS。

ISSを見つけるポイント

　ISSは、太陽のように自ら光っている**恒星**とは違って"瞬かない"のが特徴。また、流れ星のように素早く流れて一瞬で消えてしまうものでもありません。スーッと1本の筋が伸びるように、ゆっくりと真っ直ぐに空を進んでいきます。

　カラフルに見えたり、点滅していたりするものは、ISSではなく、おそらく飛行機なので、お気を付けくださいませ。

ISS〈国際宇宙ステーション〉 — アイエスエス

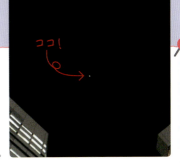

Izumi's memo

ISSは、都会のビルの隙間でも明るく探しやすいのでおすすめです。1本伸びる筋ではないものの、スマートフォンなど通常のカメラでも、星のような点の輝きが撮影できます。
なお、JAXAのWebサイト内「『きぼう』を見よう」(http://kibo.tksc.jaxa.jp/)で、事前にISSの情報をチェックしておくと見逃さずに楽しめますよ！　出会いに行ってみてください。

Column.1
季節

ときがたてば自然にその季節が訪れるけれど
気にかけてみたらもっと楽しめるはず。
何気ない日常が、少しでも鮮やかに見えますように。

季節

季節の移ろいを感じさせてくれる花々。その時期にしか出会えない景色を楽しんでみてください。

Spring

ライラック

花期は4月〜5月。涼しい気候を好む、甘い香りが特徴の可愛らしい花です。

北海道札幌市の市の花でもあり、別名はリラ。桜が咲くころの寒さを「花冷え」といいますが、北海道ではライラックの花が咲くころに冷えることを、「リラ冷え」というそうです。この時期ならではの、素敵な言葉ですよね。

桜 街を春色に変えてくれる。愛され度No.1！

ソメイヨシノは、花の中心の色で散り際が分かります。散るサインが見えたら、急いでお花見を楽しんでくださいね！

まだまだ元気サイン 花の中心が黄色や緑色
散り際が近いサイン 花の中心がピンクや赤色

Summer

サルスベリ

花期は7月〜9月。鮮やかなピンク色は、青空との相性ばっちり！

樹皮が滑らかですべすべしているので、人間はもとより猿でも登ると滑り落ちそう、というところから名前が付いてます。花を咲かせる期間が長いので"百日紅"と書くんです。

帽子 オシャレに＆楽しく紫外線対策できる帽子は、夏のマストアイテム。

夏に特に気になる紫外線……。対策として活躍してくれる帽子は、老若男女問わず、取り入れやすいアイテムですよね。麦わらなど天然素材の帽子の汗汚れが気になるときは、内側にある「スベリ」といわれる生地部分を、水に濡らして固く絞ったタオルで拭いて、風通しのよい日陰で乾かしてくださいね。

Autumn

コスモス

花期は6月〜11月。風がよく似合うコスモスは、優しく揺れながら、秋の切なさに色をくれます。

ギリシャ語で「kosmos」は"秩序"を意味します。花弁が規則的に美しく並ぶことから付けられたといわれています。

キンモクセイ

花期は9月〜10月。ふわっと漂う香りで秋を実感する方も多いのでは。

庭や公園など、身近な場所で出会えるのも嬉しい花。花が散ったあとはオレンジ色の絨毯が広がります。

氷アート

夜に仕込めば、起きるのが辛い冬の朝が、わくわくタイムに変わるかも？

Winter

スノードロップ

開花時期は2月〜3月。雪の中でも咲く強さを持ったお花です。

冬の終わりに咲き、春を告げる花として知られています。

氷アートの作り方

[用意するもの] ◆お皿　◆お水
　　　　　　　◆氷に入れたい花や画用紙の切り抜きなど

[手順]
① お皿を冷やす。とことん冷やす。金属製だと冷えやすいです。
② 水を張る。薄いものから挑戦してみましょう。
③ 花や画用紙を切り抜いたものなどを水に入れる（無くても可）。
④ 開けた場所や北の方角にあたる場所を選んで置いておく。

※夜から翌朝にかけて氷点下の気温が予想される日など、寒い日を狙って仕込むのがおすすめ。
晴れて風のない日を選ぶのが成功のコツです！

涼

暑い日に
見たい
いろいろ

寒い日に見たい
　いろいろ

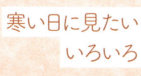

みんなの空の

くっきりダブルの虹！

見事な
幻日環のリング！

くっきりハロ！

アルバム

空が好きな方々に、今までに出会った空の写真をお寄せいただきました。ご協力いただいた皆さま、その日だけの素敵な1枚をありがとうございました。

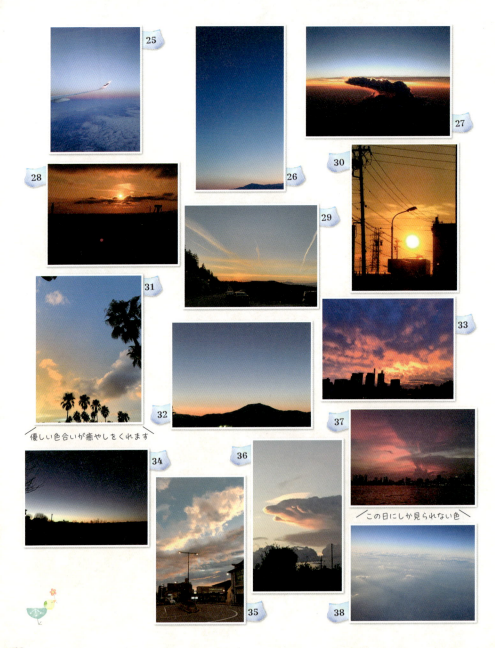

ずっと見ていたくなる雲！

輝く雲

元気をもらえるブルー

上も下も綺麗な1枚

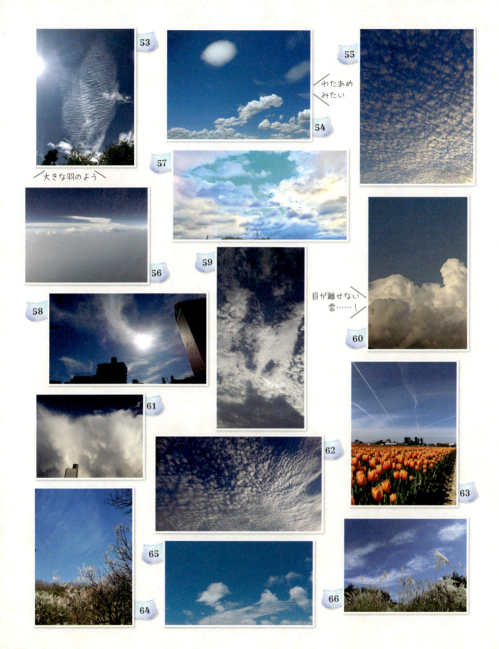

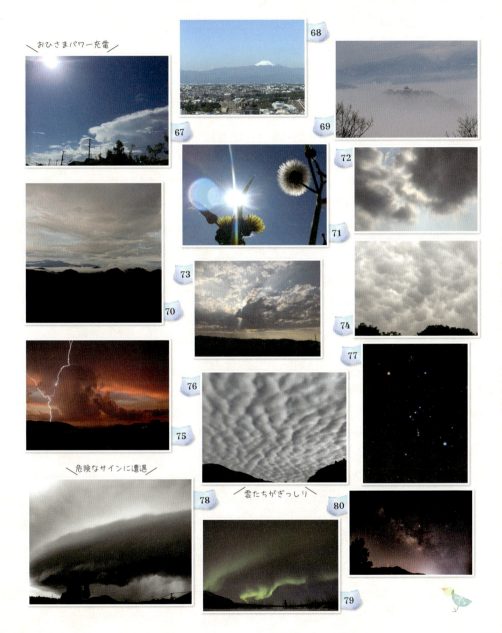

Column.2

減災

「知っている」と「知らない」の違いは大きい。
知っていれば、自分自身や大切な誰かを
守ることができるかもしれない。
防災や減災のお話です。

雨や風などによる災害。
事前に被害を想定して、対策を考えるきっかけにしてください。

【雨の強さと1時間の雨量】

- やや強い雨　　：10mm以上～20mm未満
- 強い雨　　　　：20mm以上～30mm未満
- 激しい雨　　　：30mm以上～50mm未満
- 非常に激しい雨：50mm以上～80mm未満
- 猛烈な雨　　　：80mm以上
- ＊大雨　　　　：災害が発生する恐れのある雨。
　　　　　　　　　雨量の明確な定義はない。

【雨の強さと影響の目安】

- やや強い雨　　：ザーザーと降る。地面一面に水たまりができる。
- 強い雨　　　　：土砂降り。傘を差していても濡れる。
- 激しい雨　　　：バケツをひっくり返したように降る。道路が川のようになる。
- 非常に激しい雨：滝のように降る。
　　　　　　　　　辺り一面が白っぽくなり視界が悪くなる。
　　　　　　　　　車の運転は危険。
- 猛烈な雨　　　：圧迫感がある。
　　　　　　　　　辺り一面が白っぽくなり視界が悪くなる。
　　　　　　　　　車の運転は危険。

最新の気象情報を日頃から確認することが大切です。天気予報はもちろん、今、どんな空が広がっているのか、今日の天気でどんなところに注意が必要なのか、チェックしてみてください。普段からの行動が、いざというときの行動にもつながります。
- ウェザーニュース　https://weathernews.jp/s/

浸水・冠水

≪こんなことに気を付けて≫
- 水はけが悪いと水が道路に溢れてしまうので、道路側溝や雨水ますを清掃しておく。
- 土のう、水のう、止水板の準備をしておく。
- マンホールや側溝のある場所に近付かない。
- 地下通路や、路面の高さが低いアンダーパスなどは通らない。

河川増水・氾濫

≪こんなことに気を付けて≫
- 自分のいる場所で大雨になっていなくても、川の上流で大雨になると氾濫の危険性が高まるので、上流域での天気にも注意する。
- 雨の降り方が弱まったり、雨が降り止んだりしたあとも、油断は禁物。

土砂災害

≪こんなことに気を付けて≫
- 住んでいる地域の危険度を知ることが大切。
  日頃からハザードマップなどで確認しておく。
- 夜間、大雨のなかでの避難や移動は危険。早めの行動を心がける。
- 雨が降り止んだあとに発生することもある。

大雪

≪こんなことに気を付けて≫
- タイヤチェーン装着などの装備を整えずに車を運転しない。
- 転倒やスリップに注意。橋の上などは特に凍結しやすい。
- 停電や断水に備えて、懐中電灯や水などを確保しておく。
- 食料、水、暖をとれるものをそろえておく。
- 雪かき、雪下ろしのときは落雪に注意し、複数人で声を掛け合いながら、命綱を付けて行う。
- 車に食料や水、スコップ、長靴、毛布、簡易トイレ、牽引ロープ、タイヤチェーンを積んでおく。

※無理な外出をしないことも大切です。

【風の強さと平均風速】

- **やや強い風** ：10m/s 以上〜15m/s 未満
- **強い風** ：15m/s 以上〜20m/s 未満
- **非常に強い風** ：20m/s 以上〜30m/s 未満
- **猛烈な風** ：30m/s 以上

 瞬間的には、平均風速の1.5〜3倍以上の風が吹くこともあります。

【風の強さと影響の目安】

- **やや強い風** ：傘が差せない。
- **強い風** ：転倒する人が出る。高所での作業は極めて危険。
- **非常に強い風** ：何かにつかまらないと立っていられない。
  細い木の幹が折れる。看板が落下・飛散する。
- **猛烈な風** ：屋外での行動は極めて危険。多くの樹木が倒れる。
  電柱や街灯で倒れるものがある。走行中のトラックが横転する。

 地形や周りの建物などによって、これより被害が大きくなったり、小さくなったりすることがあります。

≪こんなことに気を付けて≫

- 飛ばされやすいものをあらかじめ室内に片付ける。
  移動が難しいものはロープなどで固定する。
- 窓ガラスに補強テープやガムテープを貼っておく。
  ブラインド、カーテン、雨戸などを閉めておくことも大切。
- 停電や断水に備えて、懐中電灯や水などを確保しておく。

地震

いざというときどんな行動をとるべきなのか。
日頃からシミュレーションをして、
今後の安全につなげましょう。

≪室内での行動≫
- 身の安全を確保。丈夫なテーブルの下などにもぐる。
- 火を使っていた場合は、揺れが落ち着いてから消す。
- 窓やドアを開け、出口を確保する。
- 慌てて外に飛び出し怪我などしないよう気を付ける。

≪室外での行動≫
- 鞄などで頭や身を守る。
- 建物や塀の倒壊や崩落、看板やガラスなどの落下物などに注意する。
- 耐震、免震の整った建物や比較的新しい建物に避難する。
- エレベーターでは全ての階のボタンを押し、最初に停止した階で降りる。
- 山間部では土砂災害の恐れがあるため、斜面や崖から離れる。
- 海では高台へ避難する。

≪部屋や寝室をチェックしよう≫
- □ 枕元に、重いものや倒れやすい家具を置いていないか。
- □ 揺れに弱い家具、動きやすい家具を固定しているか。
- □ 懐中電灯の電池残量はあるか、液漏れしていないか。
- □ ガラスの破片などで怪我をしないための靴やスリッパを準備しているか。
- □ 情報の確認手段を確保しているか。

日頃から備える

非常食や非常時の持ち出し袋など、
日頃から備えておくようにしましょう。

【持ち出し袋に入れる物（例）】

水、食品、毛布、カイロ、懐中電灯・ライト、ラジオ、予備充電、ロープ、ヘルメット、軍手、常備薬・お薬手帳、下着、防寒着、電池、現金・クレジットカード・通帳・印鑑、保険証・運転免許証、ティッシュ、ラップ、新聞紙、ホイッスル、救急セット、歩きやすい靴、簡易トイレ、歯ブラシ、水を運べる袋、水のいらないシャンプー、ライター、ろうそく、缶切り、ナイフ、マップ、小銭　など

⚠ これ以外にも、それぞれの家庭で必要なものを確認し、まとめておきましょう！

≪期限のあるものはこまめに入れ替えを≫
非常用の食品や水の消費期限は、定期的に確認しましょう。事前に食べてみて、自分の口に合うものをそろえておくとよいです。

≪非常グッズの置き場所にも工夫を≫
玄関、車の中、ベッドの側など、防災用品は分散させて準備しておくことも大切です。浸水などに備えて、ある程度高い場所に置いておきましょう。

One Point

リュックなどに物を入れておく場合、軽いものを下に、重いものは上に入れるようにすると重さを感じにくくなります。肩ひもは長くし過ぎず、背丈に合わせた長さに調節しておきましょう。

【記録的短時間大雨情報】

数年に1度程度しか発生しないような短時間の大雨を観測したり、解析したりしたときに、各地の気象台から発表されるもの。土砂災害や浸水害、中小河川の洪水害の発生につながるような、まれにしか観測しない雨量であることを知らせる情報です。
発表されたときは、どこで災害発生の危険度が高まっているのかを確認し、身を守るための行動を取ってください。

【土砂災害警戒情報】

大雨警報（土砂災害）が発表されている状況で、命に危険を及ぼす土砂災害がいつ発生してもおかしくない状況になったときに発表されます。
土砂災害の危険度が高まっている詳細な領域は、気象庁の危険度分布で確認することができます。また、情報が発表されていなくても、**危険を感じたら自主避難**をしましょう。

大雨警報（土砂災害）の危険度分布 （土砂災害警戒判定メッシュ情報）	目安とされる避難情報
●極めて危険 （すでに土砂災害警戒情報の基準に到達） この状況になる前に避難を完了しておく必要がある。	避難指示（緊急）
●非常に危険 （2時間先までに土砂災害警戒情報の基準に到達すると予想） 速やかに避難を開始する。	避難勧告
●警戒 （2時間先までに警報基準に到達すると予想） 避難の準備が整い次第、避難を開始。 高齢者等は避難を開始する。	避難準備
●注意 （2時間先までに注意報基準に到達すると予想） 避難行動を確認する。	
●今後の情報等に留意	

5段階の警戒レベルと防災気象情報

警戒レベル		住民が とるべき行動	避難等の情報 (市町村が発令)	気象庁等の情報		
▲高い	5	命を守るための 行動を	災害発生情報	大雨 特別警報		氾濫 発生情報
	4	全員速やかに 避難	避難指示(緊急)・ 避難勧告	土砂災害 警戒情報	高潮特別警報・ 高潮警報	氾濫 危険情報
	3	高齢者等は 速やかに避難	避難準備・ 高齢者等避難開始	大雨警報 (土砂災害)・ 洪水警報	高潮注意報 (高潮警報に 切り替える 可能性が高い)	氾濫 警戒情報
	2	避難行動を 確認	―	大雨注意報・ 洪水注意報	高潮注意報	氾濫 注意情報
▼低い	1	災害への 心構えを高める	―	早期注意情報 (警報級の 可能性)	―	―

[参考:気象庁ホームページ]

天気予報はもちろん、注意報・警報、避難などの情報を必ず自分で確認するようにしましょう。また、情報が発表されていなくても、危険を感じたら自主避難をすることなどが必要です。
普段していないことは、いざというときにもできません。日頃から情報を入手する癖をつけておくと、今後の防災・減災につながります。

情報確認に役立つWebサイト
・ウェザーニュース
・気象庁
・国土地理院
・国土交通省 川の防災情報
・東京防災　など

あとがき

いかがでしたでしょうか。
ふとした瞬間に見上げる空のこと。
気にかけてみていただけたら嬉しく思います。

気象に携わる身として、私には何ができるのか。
何を伝えるべきなのか。
たどり着いたのは、「知ってもらうこと」と「出会ってもらうこと」でした。

知らなかったら、こんな感情に気付かなかったかもしれない。
あのとき出会わなかったら、今の自分はいないかもしれない。

大げさかもしれないけれど、人や空の現象との「出会い」は、
私たちの日常の中で、大切なものだと私は思っています。

それを念頭に、本書は、
私の伝えたいことを言葉選びにこだわって、書き上げました。
日常にすっと入ってくるような。
でも、気が付いたら心に残っているような。
本書のどこかにそんなワンシーンがあったのならば、
こんなにも嬉しいことはありません。

どんなことがきっかけであれ
本書に出会い、手に取ってくださったことに、心から感謝いたします。
ありがとうございます。

距離が遠くても、近くても、どこにいても私たちは、
いつも空でつながっています。
空を通じて、またどこかであなたに会える日を、楽しみにしています。

二度とない、今だけの空に出会って
これからの皆さまの日常が、さらにさらに輝くものになりますように。

眞家 泉

Special Thanks

本書は、空写真のご提供をはじめ、多くの空好きの皆さまのご協力のもとに制作されました。
ご協力いただいた皆さまのお名前を掲載させていただきます（敬称略・順不同）。
ありがとうございました。心よりお礼申し上げます。

はっち@ベトナム（p98 ①）、きゅあぴーす（p98 ②）、ペコリンチョグー（p98 ③）、cheebow(p98 ④)、ドコデモけいすけ（p98 ⑤）、陸のセーラー（p98 ⑥）、あみぃご（p98 ⑦）、後藤圭佑（p98 ⑧）、チェロりん（p98 ⑨）、田口 大（p98 ⑩）、響鬼（p98 ⑪）、N-train(p98 ⑫)、しま☆サン（p99 ⑬）、グリーンパンプキン（p99 ⑭）、ぽんぽんやま（p99 ⑮）、ひづき（p99 ⑯）、cyanko5296（p99 ⑰）、市川英男（p99 ⑱）、しゅん兄（p99 ⑲）、さかず（p99 ⑳）、達也（p99 ㉑）、嵐を読む男（笹 裕之）（p99 ㉒）、藪の中の猫（p99 ㉓）、フラワーピンク（p99 ㉔）、TakafumiSekido(p100 ㉕)、大智（p100 ㉖）、ちょく（p100 ㉗）、アズキネコ（p100 ㉘）、さかな（p100 ㉙）、mount.FUJI.(p100 ㉚)、宮崎幹大（p100 ㉛）、はち（p100 ㉜）、まっちゃん（p100 ㉝）、ひなたのねこ（p100 ㉞）、ナリ（p100 ㉟）、プートトロ（p100 ㊱）、ショーイチ（p100 ㊲）、あきらぱん（p100 ㊳）、はずれ馬 けんおーうち＋とーる（p101 ㊴）、ながらみ（p101 ㊵）、山火和也（p101 ㊶）、りかずき（p101 ㊷）、風洪（p101 ㊸）、ロクイチ丸（p101 ㊹）、ゆめみあすか（p101 ㊺）、Azzurro(p101 ㊻)、くろすけ（p101 ㊼）、T.YOKOSUKA(p101 ㊽)、レッドブル（p101 ㊾）、橘俊介（p101 ㊿）、K.G(p101 (51))、toshikazu(p101 (52))、えあろぱぱ（p102 (53)）、マリエル（p102 (54)）、さくらあかつき（p102 (55)）、nya-ipm(p102 (56))、オフトゥンニキ(:3[____](p102 (57))、ホワイトナッツ（p102 (58)）、mtmt(p102 (59))、横浜のかず!!(p102 (60))、次元？（p102 (61)）、青空（p102 (62)）、４番ヒロクン（５５）（p102 (63)）、二塁手らいなす（p102 (64)）、水樹冬夜（p102 (65)）、jun(p102 (66))、江ノ電move(p103 (67))、小林秀行（p103 (68)）、エンジェル＠ふくい（p103 (69)）、西宮圭一郎（p103 (70)）、Toshi@横浜（p103 (71)）、さゆと（p103 (72)）、つらっぷ（p103 (73)）、fum32(p103 (74))、ためにしき（p103 (75)）、きのうのてまえ（p103 (76)）、野球少年（p103 (77)）、案山子（p103 (78)）、すきーやー（p103 (79)）、Starlight(p103 (80))、O.Aika(p33 右上から２番目・左上から３番目・中央・下中、p35 左下)、MMB(p120)、ウェザーリポーターの皆さま
荒木健太郎（p39 すべて、p42 左下、p88 上右）

参考文献・
出典・協力

- ウェザーニューズ
  ▶ https://jp.weathernews.com/
- 『雲を愛する技術』荒木健太郎(光文社)
- 『世界でいちばん素敵な雲の教室』荒木健太郎(三才ブックス)
- 『雲の中では何が起こっているのか』荒木健太郎(ベレ出版)
- 『一般気象学』小倉義光(東京大学出版会)
- 『新 百万人の天気教室』白木正規(成山堂書店)
- 気象庁 ▶ http://www.jma.go.jp/jma/
- 消防庁 ▶ https://www.fdma.go.jp/
- 国土地理院 ▶ https://www.gsi.go.jp/
- 国土交通省 川の防災情報 ▶ https://www.river.go.jp/
- 『東京防災』(東京都総務局総合防災部防災管理課)
- 東京都防災ホームページ
  ▶ https://www.bousai.metro.tokyo.lg.jp/
- NHKそなえる防災
  ▶ https://www.nhk.or.jp/sonae/
- JAXA(宇宙航空研究開発機構)
  ▶ http://www.jaxa.jp/
- 国立天文台 ▶ https://www.nao.ac.jp/
- 理科年表 ▶ https://www.rikanenpyo.jp/
- NICT(情報通信研究機構)
  ▶ https://www.nict.go.jp/
- Caetla(サエラ) ▶ https://www.caetlaltd.co.jp/
- KiU(キウ) ▶ http://kiu-worldparty.jp/
- パインアメ株式会社 ▶ https://www.pine.co.jp/
- KAnoZA(カノザ)
  ▶ http://www.okashinet.co.jp/brands/kanoza/
- 銀座あけぼの ▶ http://www.ginza-akebono.co.jp/
- 『色と形で見わけ散歩を楽しむ花図鑑』
  大地佳子(ナツメ社)

INDEX

◆英数字

18度ハロ	16
22度ハロ	16
46度ハロ	16
9度ハロ	16
ISS	90

◆あ

アーク	18
アーチ雲	77
秋の四辺形	83
朝虹	9
朝焼け	26、29
雨雲	37
雨柱	46
雨柱	74
霰(あられ)	76
アレキサンダーの暗帯	10
いわし雲	35
うす雲	14、35
内暈(うちかさ)	16
雨量	106
うろこ雲	35
雲海	57
雲底	37
大雪	107
晩霜(おそじも)	54
朧雲	36
温帯低気圧	79

◆か

外暈(がいうん)	16
回折(かいせつ)	12、63
下弦の月	88
可航半円	79
暈(かさ)	14
笠雲	64
過剰虹(かじょうにじ)	10
風	60
河川増水	107
下層雲	38、40
かなとこ雲	77
花粉光環	63
雷	75、77
雷雲	41
カルマン渦列	70
環水平アーク	20
環天頂アーク	20
気圧	60
危険半円	79
強風域	78
局地的大雨	74、77
霧	56
霧雲	39
記録的短時間大雨情報	110
くもり雲	38
警戒レベル	111
月暈(げつうん)	16
ゲリラ豪雨	74、77
巻雲	34
幻日	22、24
幻日環	22、24
巻積雲	12、35
巻層雲	15、35
降水確率	47
降水量	47
高積雲	12、37
高層雲	36
国際宇宙ステーション	90

◆さ

彩雲(さいうん)	12
細氷(さいひょう)	55
逆さ虹	19
さば雲	35
散在流星	84
三大流星群	85
地震	109
十種雲形(じっしゅうんけい)	32
霜	54
霜柱	54
主虹(しゅこう)	10

上弦の月	88	早霜	54
消散飛行機雲	42	春一番	66
上層雲	34	春の大三角	82
消滅飛行機雲	42	ハロ	14、16、35
白虹(しろにじ)	11	氾濫	107
浸水	107	飛行機雲	42
すじ雲	34	ひつじ雲	37
積雲	12、40	避難勧告	110
積乱雲	41	避難指示	110
層雲	39	避難準備	110
層積雲	38	雹(ひょう)	76
外暈(そとかさ)	16	風速(平均風速)	108
		フェーン現象	68
◆ た		副虹(ふくこう)	10
台風	78	冬の大三角	83
ダイヤモンドダスト	55	冬のダイヤモンド	83
竜巻	75、77	ブライトバンド	52
地球照	89	ブルームーン	89
乳房雲(ちぶさぐも)	77	防災気象情報	111
中層雲	36	放射点	84
月	86	暴風域	78
月暈(つきかさ)	16	星	82
吊るし雲	64		
道路冠水	107	◆ ま・や・ら・わ	
土砂災害	107	霙(みぞれ)	50
土砂災害警戒情報	109	霧氷	55
		靄(もや)	57
◆ な		融解層	52
内暈(ないうん)	16	雄大積雲	40
流れ星	84	夕虹	9
夏の大三角	82	夕焼け	26、28
虹	8	雪	50
入道雲	40	雪雲	37
乳房雲(にゅうぼうぐも)	77	雪結晶	51
熱帯低気圧	79	乱層雲	37
熱中症	63	漏斗雲(ろうとぐも)	75
		わた雲	40
◆ は			
薄明光線	27		
波状雲	43		
白虹(はっこう)	11		

［著者紹介］

眞家 泉 (まいえ いずみ)

気象キャスター。気象予報士。防災士。
1990年生まれ。東京都出身。2013年より株式会社ウェザーニューズに所属し、24時間365日放送のウェザーニュースの気象情報番組に出演。気象のことをより詳しく知りたい、そして分かりやすく伝えたいという思いから、2017年に気象予報士の資格を取得。現在も気象キャスターとして番組に出演中。2019年本書を執筆。

 Twitter ● @Izumi_12397
 Instagram ● @maie_izumi
Blog ● 眞家泉Blog　https://ameblo.jp/maieizumi/

[監修者紹介]

荒木 健太郎（あらき けんたろう）

雲研究者。気象庁気象研究所研究官。博士（学術）。
1984年生まれ。茨城県出身。慶應義塾大学経済学部を経て気象庁気象大学校卒業。地方気象台で予報・観測業務に従事した後、現職に至る。専門は雲科学・気象学。防災・減災のために、豪雨・豪雪・竜巻などによる気象災害をもたらす雲の仕組み、雲の物理学の研究に取り組んでいる。著書に『雲を愛する技術』（光文社）、『世界でいちばん素敵な雲の教室』（三才ブックス）、『雲の中では何が起こっているのか』（ベレ出版）、『せきらんうんのいっしょう』『ろっかのきせつ』（ジャムハウス）など。監修に映画『天気の子』（新海誠監督）、『天気と気象の教科書』Newton別冊、『気象のきほん』Newtonライト（ニュートンプレス）、『BLUE MOMENT』（小沢かな 著／KADOKAWA）などがある。

 Twitter ● @arakencloud
 Facebook ● @kentaro.araki.meteor

- 万一、乱丁・落丁本などの不良がございましたら、お手数ですが株式会社ジャムハウスまでご返送ください。送料は弊社負担でお取り替えいたします。
- 本書の内容に関する感想、お問い合わせは、下記のメールアドレス、あるいはFAX番号あてにお願いいたします。電話によるお問い合わせには、応じかねます。

　　メールアドレス◆ mail@jam-house.co.jp　　FAX番号◆ 03-6277-0581

「ときめき×サイエンス」シリーズ②

きょう出会う空
2019年9月30日　初版第1刷発行

著者	眞家 泉
監修	荒木 健太郎
協力	株式会社ウェザーニューズ
編集	大西淳子
発行人	池田利夫
発行所	株式会社ジャムハウス
	〒170-0004　東京都豊島区北大塚 2-3-12
	ライオンズマンション大塚角萬302号室
カバー・本文デザイン・DTP	株式会社サンプラント
印刷・製本	シナノ書籍印刷株式会社

定価はカバーに明記してあります。
ISBN 978-4-906768-72-1
©2019
Izumi MAIE
Kentaro ARAKI
JamHouse
Printed in Japan